U0214555

瓶子里的水族馆

（日）田畑哲生　编著
时　雨　译

海峡出版发行集团 | 福建科学技术出版社
THE STRAITS PUBLISHING & DISTRIBUTING GROUP | FUJIAN SCIENCE & TECHNOLOGY PUBLISHING HOUSE

目录 Contents

让水族瓶成为你日常生活中的一部分

与日常用品一起演绎清爽剧目

第一章

迷你生态景观——水族瓶制作基础

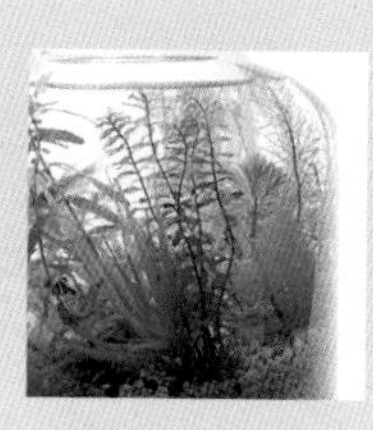

水族瓶是什么

水族瓶，是不使用鱼缸或氧气泵等工具，只用瓶子与水草之类的物品制作而成的小型生态景观。用瓶子制作而成的水族箱叫水族瓶，是任何人都可以快乐简单地制作出来的小型水族馆。

第二章

试着制作各种各样的迷你水族瓶吧

不同器皿带来的别样乐趣

进阶篇

我自己的小小世界

进阶篇

布置进阶篇

第三章

水草和生物图鉴

与家人围坐，共赏水草和鱼

好想停下脚步，享受与家人团圆的时刻。
静下心来，沏一壶好茶，与家人围坐共赏美丽的水草与穿行其中的鳉鱼。
家的距离，就是这么近。

“扁平型玻璃皿” → P.50

kitchen

小小瓶子，为生活增添色彩

在做料理的时候，一眼瞥见架子上摆放着的水族瓶，瞬间就被治愈了。

选一个色彩温暖跳跃的作品，与调味品、碗碟或厨具摆在一起，为你的厨房增添无限趣味。

“迷你玻璃密封罐”→ P.45

dining room

桌面上的治愈系神器

大张的木制餐桌上，摆着个非常有存在感的陶制砂锅。

温暖沉稳的陶器，伸出水面的元气新芽，一定能够治愈你的心灵。

朴实的外表，令任何年龄段的人都爱不释手。

“陶制砂锅”→ P.49

窗边的美人

在洒满阳光的窗边见到的这些水草，是如此生机盎然。
亮闪闪的聚丙烯晶体和玻璃砂是它的绝配。

“香槟杯” → P.42

window

玄关处的偶遇

在玄关的鞋柜上摆一个水族瓶试试吧！
玄关是进出门的地方，每天出门的时候看到它，一整天都会充满活力。

"四季·秋" → P.58

治愈系神器让工作学习进展顺利

水族瓶是书桌上的治愈系神器。
累的时候，看到瓶中鱼儿的游姿，水草的摇曳，瞬间感觉充满干劲。
利用带盖子的玻璃罐型的容器，不用担心里面的水洒出来。

"四季·夏" → P.57

可爱的洗面台和浴室

在泡澡的时刻，欣赏水族瓶，能使自己的身心更加放松。
无论是华丽型，还是朴素型，都可以使洗面台或浴室更加明亮。
把水族瓶放置在离水源近的地方，可更方便换水。

“玻璃茶杯”→ P.43 “色彩与波普风”→ P.62

让一位伙伴进入你感兴趣的世界

在做感兴趣的事时，试着让水族瓶加入吧！
亲自做一件精致的作品，然后把它拍下来。
拍照的时候，在它的周围布置出最适合的氛围。
或是给美丽的水草来个特写。

"扁方缸" → P.52

置物架上的点睛之笔

在书架或杂物架上，拿出一整格，摆上一个适合大小的水族瓶如何？
鲜绿的水草，在深棕色木头的衬托下，显得格外温暖。
置物架上的光线常会被遮挡，把水族瓶摆在光线最好的一角，水草也会生长得更好。

"西洋花园" → P.69

让个性水草成为墙壁上的新装饰

在墙壁上装饰壁挂花瓶型的水族瓶，可以增添可爱度。
因为墙上无法挂太大的装饰品，推荐可以欣赏单株水草形态的小型作品。
“试管” → P.44

让杯垫变为时尚舞台

在喜欢的杯垫上放置水族瓶，杯垫马上变身为时尚舞台。
也可以试试使用与作品风格相配的手巾或餐具垫。
此外，杯垫还可以吸掉洒出的水，这也是推荐的重要一点。

“瓶中瓶” → P.46

小玩具的游乐场

让小玩具与水族瓶共同演绎出可爱的桥段。
在这组作品中，蝴蝶与鸟儿仿佛在桑葚与水草间嬉戏一般。
在小小的空间里创作有故事性的作品，也会让人心情愉悦。

“四季·夏” → P.57

聚光灯下的佳人

光不仅是水草生长所必需的条件，也可以让我们更清楚地看见玻璃瓶中水草的美丽姿态。
在喜欢的灯具下，给水族瓶留一片空间吧！

“四季·春”→ P.56

植物角里的新成员

水草，是水中的观叶植物，养护简单。
比起与颜色鲜艳的花朵，水草与小型观叶植物或迷你仙人球更加相配。
将水族瓶与你喜爱的植物并排放在一起，成为小伙伴吧。
种上绿色水草的水族瓶最适合成为植物角的新成员！
“大酿酒瓶” → P.55

加入下午茶时间

下午茶时间，在糖、茶包、勺子等饮茶用具放置的一角，将用玻璃茶壶和玻璃茶杯制作的水族瓶，自然地融入其中，打造出一个充满魅力的空间。
色彩朴素的作品，无疑是最适合这种氛围的。
“玻璃茶壶和玻璃茶杯” → P.43

给即将开始制作水族瓶的你的一封信

"给小鱼起什么名字好呢？"

从开始制作水族瓶的那天开始，就像有了一位新的家人。

"小鱼肚子饿了吧，该给它喂食了。"这类的想法整天在脑子里萦绕。

这就是小小瓶子中的水族馆——水族瓶的魅力。

水族瓶，会给大家带来心跳的感觉。

比如费尽心思精挑细选各种颜色的砂或铺底小石，在注入水之后的一刹那，会有不自觉地赞叹："哇，好美！"这样的感动。

屏息凝神，将水草一株一株小心地植入砂中。最后，将喜欢的小鱼放入水中的时候，又会有"啊！游起来了！"这样的兴奋。

从水族瓶做好的那天起，它就像一颗小小的地球在运转生长。

水族瓶的主角是水草，它们可以净化水质，生成氧气。

请像爱小孩一样疼爱水草，这样瓶中的生物们才会保持充满元气的生命力。

我们快点开始制作水族瓶吧！

请用心享受只属于你自己的治愈空间给你带来的无限快乐吧！

水草专家 田畑哲生

第一章

迷你生态景观——水族瓶制作基础

首先，试着用高约 20cm 的玻璃罐（或其他容器）制作一个水族瓶吧。

跟着我的步骤，谁都可以掌握制作技巧。

水族瓶到底是什么

“瓶子”+“水族造景”=“水族瓶”

水族瓶，是不使用鱼缸或氧气泵等工具，只用瓶子与水草之类的物品制作而成的小型生态景观。

可以放置在置物架或桌上的“小型水族馆”

水族瓶，是使用玻璃罐之类的容器，加入水草、彩砂等材料制作而成。与普通的鱼缸相比，体积既小，重量又轻。与花或观叶植物等日常装饰品一样，可放置于置物架或桌上。它充满了治愈力，欣赏它可以使心灵平和下来。它是只属于你自己的水族馆。

主角是水草！水草有净化水质的作用

在人们的印象中，水草在传统水族箱中是配角。但在水族瓶里，水草是当仁不让的主角！它可以有效防止苔类植物对水质的污染，另外，通过光合作用还可以生成氧气，创造出更适合鱼类、贝壳类等生物生存的水环境。

小型容器即使没有氧气泵和过滤装置，也可以有一个良好的生态循环系统，就是因为多亏了水草。

小小水世界也有一个生态循环系统

水族瓶在制作出来后，水草在逐步适应环境的同时，容器内的生态循环系统也就形成了。鱼类吸入由水草制造的氧气，在水草间游动、生长；水草又用鱼类呼出的二氧化碳作为原料进行光合作用。另外，贝类和虾食用水中的藻类维持生长的同时，也能帮助净化水质。

就这样，小小的瓶中，小生命们互相帮助，紧密相联。

水族瓶的魅力

不用花费太高的费用，并且制作简单，这正是水族瓶的魅力所在。
不仅仅是制作的过程，之后的装饰及养护，也别有一番乐趣。
此外，还可以用随手得到的绿植及生物制作一个只属于自己的水族瓶。

制作简单！不需要特别的材料及道具

水族瓶，除了需要底砂等一部分专用材料外，其他的道具都可以从超市买到或直接利用手边现成的物品。虽然它制作简单，但是内部充满层次感，不同的人在不同的心情下，打造出的水族瓶都是独一无二的。

养护也简单！换水、喂食，小事一桩

即便制作简单，如果养护很复杂，就会让人感觉麻烦。但是，水族瓶的养护也十分简单。每周换水1次，每天喂食1次，只需要50秒就可以搞定。另外，有时间的话可以清理一下瓶内的鱼粪等废物，修剪一下过长的水草。

它是一件美丽的装饰品，是治愈心灵的强大利器

在阳光下努力生长，吐着氧气的水草，一眼看到便是满满绿意。还有在其中欢快穿行的鱼儿，慵懒爬行的贝类，水族瓶真是怎么看都不会腻。

只要见到水族瓶，谁都会马上被它迷住。疲惫的心，也会在瞬间被治愈。

在长时间里感受它变化无穷的魅力

把水族瓶放在明亮的地方，按照教程简单地养护，半年、一年……一直能感受到来自它的魅力。在此期间，鱼儿的成长，水草形态及颜色的渐渐变化，都能带来无限乐趣。请务必长久地，带着爱心地照顾它。

使用的材料与工具

水族瓶必需的材料与工具，都是很容易得到的。
让我们一起到花鸟市场或者水族店，淘一淘水草和土壤之类的材料吧！

材 料

①水

塑料瓶内装好自来水，开盖放置 2~3 天，让水中的氯气挥发掉。

②水草

根据水族瓶的大小，准备好作为主角的水草（大约 5 株，要选择没有枯叶或伤叶的健康水草）。

③生物

虽说水草是主角，鱼与贝类也是不可或缺的，需各准备 1 只。有认真照顾的话，它们可以在水族瓶内与水草长时间共生。

④土壤

土壤是让水草扎根的地方，需在花鸟市场或者水族店购买。

⑤彩砂

彩砂是指经染色后的天然石头或沸石。彩砂能让水族瓶充满生趣，而透明玻璃砂闪闪发光也十分好看。

⑥石头

准备几块不同颜色、形状、大小的石头。不仅可以在瓶内打造不同空间，也可以增加水族瓶内景观的立体感。

玻璃容器

既然叫水族瓶，那就一定要用玻璃容器啦，这类容器从身边就可以轻松找到。

初学者建议从利用带有玻璃盖的玻璃储存罐开始。

制作水族瓶的工具

①水草镊子
必须准备一把专用水草镊子。有长短不同的型号就更好了。同时，可以准备用来拨砂粒或放置石头的镊子。

②勺子或大汤匙
用来舀土壤或彩砂。建议使用长柄勺子，可以够到瓶底。大汤匙可以舀取鱼或贝类。

③剪刀
主要用来调整水草的长度。平时用的剪刀就可以，但最好为水族瓶配一把专用剪刀。

④过滤海绵
将其放置在砂土上面，再往容器内注水，可以防止砂土振荡导致的水体浑浊。可选用水槽用过滤海绵，也可以选用园艺专用过滤海绵。

⑤整理盘
在制作水族瓶或者换水的时候垫在下面，可以保持桌面干净。

⑥漏斗
用漏斗朝瓶子里注水，水不会溅得到处都是。

⑦喷壶
铺好彩砂后，在注水之前，先用喷壶在彩砂上喷一层水。另外，在制作水族瓶的过程中，水草可能会干燥，可以往水草上喷水。喷壶里的水尽量使用放置 1 天以上的水。

养护时用的工具

①小块海绵
用于擦去容器内壁的污渍。

②镊子
用于清洁的时候夹住小块海绵；取出掉落的水草或用以移动石头。

③水和塑料瓶
准备一个 500ml 塑料瓶，装满水，开盖放置 1 天以上，让水中的氯气挥发掉。用于给水族瓶换水。

水族瓶的基本制作方法

最基础的制作方法就是使用玻璃密封罐。
因为密封罐移动起来不会漏水，适合于初学者。
选用自己喜欢的彩砂，试着制作一个绚丽多彩的水族瓶吧！

材料	工具
·水草（以下水草各1株） 水蕴草、水罗兰、水盾草、红丝青叶、血心兰 ·土壤 ·彩砂 ·石头 ·生物（各1只） 唐鱼、贝类	·玻璃罐 （高17cm×直径12cm） ·水草镊子 ·整理盘 ·勺子 ·剪刀 ·喷壶 ·过滤海绵 ·漏斗 ·塑料瓶 （内装水，开盖放置2~3天）

1 装入土壤

使用勺子将土壤装入容器，装入约5cm高。

2 装入彩砂

使用勺子将你喜欢的彩砂装入容器。一层一层地铺入不同颜色的彩砂，作品会显得十分可爱。

装入约5cm高的彩砂，可以用来固定水草。

3 选择装饰用的石头

选择适合大小的石头，约5块，放置在彩砂上边。推荐选择在形状或色彩上比较突出的石头。

4 摆放石头

决定了摆放的位置后，用手指轻轻将石头按入彩砂中。

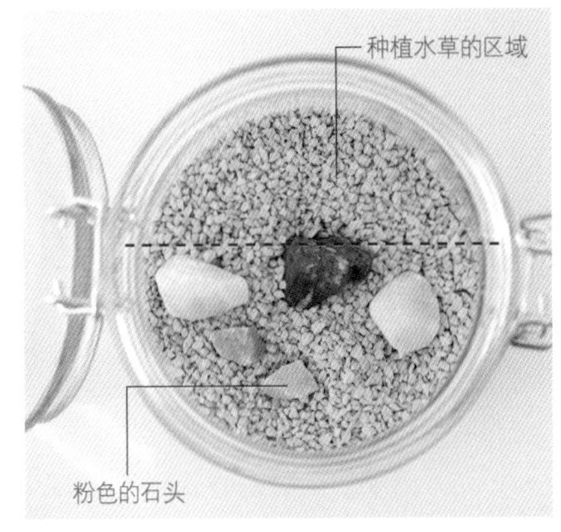

在前方放置2块非常有特色的粉色石头，剩下的3块石头往后摆放作陪衬。最后种植水草做背景。

5 喷水

将开盖放置了 1 天以上，除去了氯气的水装入喷壶，将瓶内彩砂充分喷湿。

小贴士

因为彩砂重量很轻，不充分湿润的话，注入水后可能使彩砂漂浮起来，影响后续操作及观赏效果。

6 铺上过滤海绵

将过滤海绵裁剪成适合于容器大小的尺寸。

小心地将过滤海绵铺于彩砂之上，注意不要太用力，以免使铺好的石头移位。

7 注入清水

在瓶口放一个漏斗，倚在过滤海绵上。将开盖放置了 2~3 天，除去了氯气的水小心注入容器中。

注入水位差不多快到瓶口处，注意不要溢出。

8 将海绵取出

用镊子将过滤海绵慢慢地取出，在瓶口处轻轻挤出多余水分。

9 修剪水草

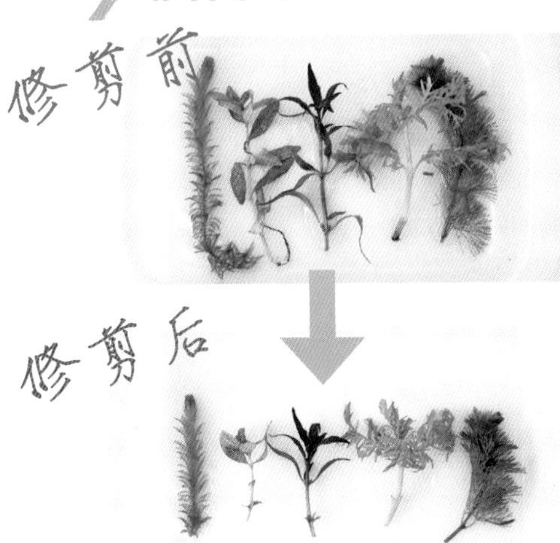

将水草竖直放在瓶边，确认需要的长度。需要将水草底端约3cm 埋入彩砂内，据此预留好长度，决定剪切的部位。

根据刚才确认的长度，用剪刀修剪水草。因水草还会生长，为了方便以后养护，新手可以稍微将其再剪短一点。

不同水草的修剪方法

水罗兰
因为叶子比较大，种的时候会妨碍操作，所以将下部多余枝叶除掉，仅留一小段叶柄。最后将下部茎剪短，植株底部切成三叉戟型（如图）。

水盾草
因为节很多，选取叶片下部有足够长度可以插入土中的枝即可。

红丝青叶
与水罗兰的处理方式一样，将下部多余枝叶除掉，仅留一小段叶柄。最后将下部茎剪短，植株底部切成三叉戟型。

血心兰
与水罗兰的处理方式一样，将下部多余枝叶除掉，仅留一小段叶柄。最后将下部茎剪短，植株底部切成三叉戟型。

10 夹取水草

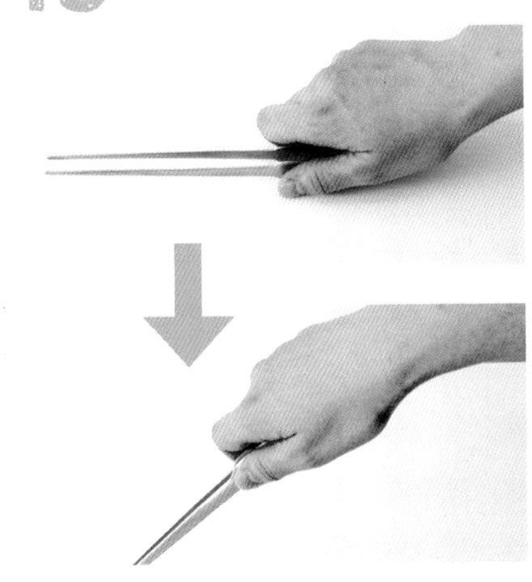

将镊子平放在桌面上，拇指平贴桌面从镊子上方将其拿起（如图）。

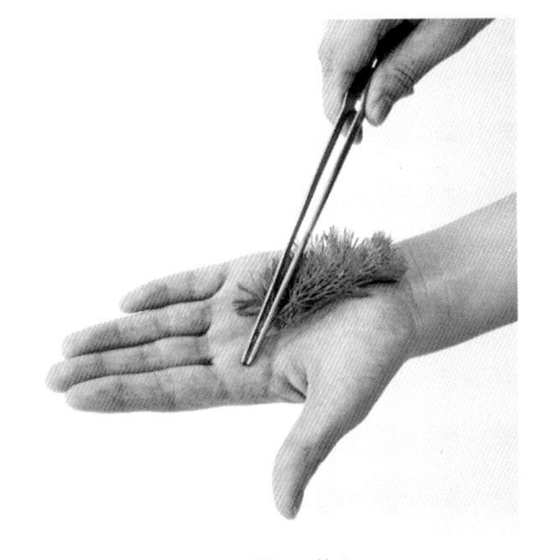

用镊子的前端夹取水草的茎部。

用手调整水草，使水草茎部与镊子的前端重合，然后夹紧镊子。

11 种植水草

将按步骤 10 夹好水草的镊子，迅速插入瓶底。之后稍微松开水草，迅速将镊子拔出。

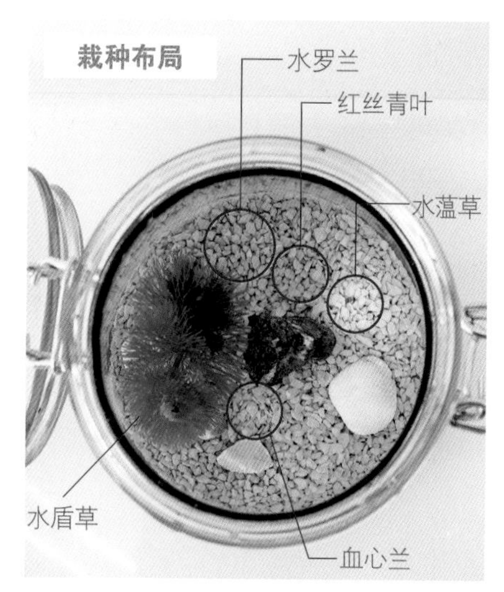

从前方、后方、上方一边观察，一边决定水草的位置，并依次栽入瓶中。

12 加满水

将开盖放置了 2~3 天，除去了氯气的水小心注入容器直至溢出。

小贴士

栽种水草的时候土和砂会扬起，使水体变浑浊。往容器内加满水并溢出，可以慢慢将漂浮起的砂土冲洗出去。

13 放入小鱼和贝类

用勺子捞取唐鱼和贝类，小心地放入瓶中。

大功告成！

基础型水族瓶

试着放入一小段枯枝吧

加入一段细小的枯枝，可以使容器内的世界变得更加妙不可言。枯枝可以在户外任意拾取，将其完全干燥透，洗干净再使用。

利用彩砂营造梦幻氛围

将不同颜色的彩砂混合在一起，铺在最上层，马上能营造出梦幻氛围。如右图，一股秋天的感觉扑面而来。

大块石头也很有造型感

圆形的天然石有一种自然的质地，是非常值得推荐的材料。取一块这样的石头放入瓶中，可马上提升作品的协调感。

摆设的基础条件

制作出精美的水族瓶，并用它来进行装饰吧！
水族瓶作为装饰品摆在室内时，尽量为它选择一个明亮但不会被阳光直射的位置。

将其放在明亮的地方，保证每天 8 小时以上

水草是水族瓶的主角，它要沐浴阳光，进行光合作用才能生长。

放置位置的光照强度要达到可以阅读书本报纸的水平，并保证水族瓶一天持续 8 小时放置在这种光照强度的地方。

如果是没有自然采光条件的地方，用专用的紫外线补光灯照明也是可以的。

严禁阳光直射！并控制温度

可以的话要避免阳光直射。特别是夏天，阳光直射会使水温急剧升高，造成水中生物的死亡。带盖的水族瓶更容易吸收热量，应该特别注意。

此外，持续被阳光直射的水族瓶内会在短时间长满绿苔。

小贴士

放在房间里也要检查光照

即使在看起来很明亮的房间里，也会有光照不到的角落。要检查水族瓶是否被摆在了明亮的位置。另外，水族瓶摆了 1 周，如果水草变得没有精神，换一个地方摆放也许会变好。

置物架上某个角落的水族瓶，被旁边的挡板遮住了光线。

使用照明灯，水草瞬间熠熠生辉

水族瓶和鱼缸一样，在上方安装照明灯，可令容器内的景象大为不同，水草在光照下变得熠熠生辉。随手的台灯、日光灯，或者专用 LED 灯都可以用来做光源。另外，水族瓶在光照不足的地方，用专用紫外线补光灯增加照明，更是一举两得。

白炽灯要稍微离远一些

像白炽灯一样发出强光的灯具，使用时要距离水族瓶远一些。与直射的阳光一样，灯泡发出的热量会使水温上升。

小贴士

水草长不好的原因可能是光照不足

“明明勤换水了，但水草还是长不好”“水草颜色发白”等，如果发生这类状况，很可能是光照不足。

健康的水草，若进行充分的光合作用，颜色会非常青翠。而不健康的水草表面会发白，需要调整摆放的位置或者增加灯光照明，确保水草接受足够时间的光照。

除去死掉的水草。颜色不好的水草推荐使用水草营养剂。

专栏

试着用水族瓶装饰各种各样的场合

水族瓶不仅仅可以摆放在自己的房间里，也可以试着用它来装饰您的办公室或者活动现场等各种各样的场合。

放入小鱼或贝类的水族瓶，充满了生气，光是看着就感觉惬意快乐。

水族瓶也很受孩子们的欢迎，家长们帮忙一起栽种水草，3~4 岁的小朋友就可以完成他们自己的作品。在儿童玩耍的室内摆上一瓶，观察小鱼的游动和水草成长，还能培养孩子们的兴趣。同样的，在病房放上一瓶，也可以让病人心情变得舒畅起来。

另外，结婚典礼或者聚会上，最适合用由色彩鲜艳的彩砂制作成的梦幻水族瓶装点一番。可以用各式各样的容器制作各类水族瓶用以装饰：几个小型的，如“香槟杯”（→ P.42）摆放在一起，或者大一些的，如“大酿酒瓶”（→ P.55）都能打造华丽氛围，非常吸引眼球。

用水族瓶装饰您的聚会

用水族瓶装饰出的圣诞聚会，周围用圣诞礼物或驯鹿造型的气球加以点缀。灯光下，共同欣赏由水草打造的一场视觉盛宴。

养护的基础

为了使水族瓶中的水草和生物能长时间地健康生长，定期养护是必须的。
但别担心，养护是非常简单的。按照养护攻略来做，您的水族瓶可以一直陪伴您好几年时间。

日常养护

仅需1周换1次水

在换水前的几天，在500ml塑料瓶里装半瓶水，开盖放置，让水中的氯气挥发掉。换水时，先把水族瓶放在整理盘里，再慢慢地将塑料瓶里的水注入水族瓶中。

塑料瓶可以事先放在水族瓶旁边，这样可以使塑料瓶中的水与水族瓶中的水温相接近，不会对水族瓶中的生物造成刺激。

为了不忘记换水，可以在每周的周末同一时间换水，养成习惯。

换水的时候水会溢出，鱼有可能会趁机溜出来，刚好可以被下面的整理盘接住。这时请不要直接用手，要用勺子将鱼重新舀回水族瓶。

小贴士

请多准备一些水

通常情况下，换水前几天再准备水是没有问题的。但若碰到有生物死亡或者水族瓶漏水等突发状况，需要临时换水时，有多储备的水，就可以从容应对。

1天1次给鱼喂食

鱼的饲料，每天投放1次。使用金鱼专用的浮于水面的片状饲料，给2cm长的唐鱼喂5mm大小的碎片就足够了。如果饲料投放过多，增多的鱼粪和吃不完的饲料都会污染水质。需及时用勺子将多余的残渣捞出。

瓶内壁脏了，用海绵擦去

制作好之后几周，玻璃内壁就会有青苔生长附着，如果长时间放任不管，污垢可能就会擦不去，所以要及时清理。换水前，用镊子夹住适当大小的小块海绵，擦拭玻璃内壁。擦去污垢之后，再像平常一样换水。

季节性养护

仅在夏季，请加大换水频率

夏季是水温上升、微生物生长更快、水质更容易变坏的时期。水温上升，水草容易枯萎，瓶中生物也更加容易生病。每周换水次数可以增加到2次。

如果水族瓶是长期放在空调房间内，则不用增加换水次数。

小贴士

平安度过夏季的小技巧

请按照以下介绍的小技巧，平安度过盛夏。

●最初1周最要小心照顾

夏季时，请在水族瓶制作出来的第2天进行第1次换水，过两天后进行第2次换水，再过两天后进行第3次换水……即头1周换水3次。这样，可以在自然环境还没有稳定的情况下保持水质的稳定。

●水变浑浊了请立即换水

夏季水温升高，水就很容易变得浑浊。这时候请立即换水，即使是每天换都没有关系。浑浊的水放置不管的话，对瓶内的生物会造成极大刺激。

●水温上升，需要更多光照

水温上升，水草需求的光照量也随之增加。如果水草叶片有萎烂，就说明光照不足了。用紫外线补光灯增加光照，平均每天8~10小时。

冬季请考虑用加热器

用水族瓶饲养泰国斗鱼之类的热带鱼，可以在冬季使用加热器。

加热器的功能就像地暖一样，将水族瓶置于电热片之上，水温会有一定程度的升高。这种加热器可以在花鸟市场或者水族店买到。

严冬季节，即使瓶内养的是非热带鱼，也需要用毯子包好，放入泡沫箱中过夜。

水草的养护

水草过度生长的时候，请进行切除作业

水草生长过长过密会使瓶内景观显得杂乱无章，使得鱼的活动空间变小，另外，一株水草生长过大，还会遮挡光线，影响其他水草的生长。所以，应将过度生长的水草切除。

“直接修剪”是简单的切除养护，“剪切再植”是可以根据自己的需要调整水草长度及姿态的方法。修剪完毕，请马上换水。

非常简单

直接修剪

是指将生长过长的水草，直接用剪刀修剪到合适长度的作业。需在水草健康，叶子全部打开的状态下进行。

1 在适当的位置用剪刀剪下水草。

2 将剪下并浮到水面的水草用镊子夹出。

3 需要的话，在合适的地方重新植入。

更加美观

切除再植

先将需要修剪的水草拔出，剪切后再将其植入的作业。对于营养不足的水草，或者不愿意看到切痕又需要调整的水草适用。

1 缓慢拔出水草，注意不要带起太多土。

2 在适当的位置剪下（剪下整个根部也没关系）。

3 将上段（新芽）底部的叶子摘除一些，重新植入。

希望对您有所帮助的问与答

盖着盖子，鱼可以活吗？

若只有一只小型鱼的话，是没有问题的。

水族瓶内植入的是活的水草，它们可以通过光合作用，利用鱼儿排出的二氧化碳制造氧气。因此，只有一只小型鱼的话，只要水面上有一点空间，盖上盖子也是没有问题的。水草上经常会附着的气泡，其实就是光合作用生成的氧气。

如果水中生物死了的话该如何处理？

马上取出，然后换水。

鱼或其他生物死了，一定要马上用镊子取出。如果放置不管的话，会腐烂发臭，污染水质。为了安全起见，请马上换水，并检测温度。

鱼可以和虾一起养吗？

请在水族瓶制作好 1 个月后再放入虾。

鱼可以与小型虾一起养，但最多 1 只。另外，泰国斗鱼等一些鱼种会攻击虾，请不要和虾共养。在水族瓶制作好 1 个月后，水质趋于稳定时，再放入虾。

小型贝类不断繁殖增加，这样有没有问题？

贝类会附着在水草上一同进入水族瓶，感觉到它们数量增多了，请用镊子及时取出。

1L 的容器最多可以容纳 5 只 5mm 大小的贝类。贝类数量增长过多，会过度食用水草，并产生过多粪便，污染水质。请仔细检查每个角落，控制贝类生物的数量。必要的话，重新制作一个水族瓶替换。

砂石上边的粪便和垃圾要怎么清理？

建议用吸管吸出来。

砂石上边有一些粪便是没有关系，但粪便和枯叶太多的时候，要用吸管将它们仔细吸出来。

吸管会将粪便、垃圾与水一同吸出，然后进行换水作业，可以使水更加干净。

旅行、出差等主人不在的时候，该怎么办？

3 天左右不用照顾是没关系的。

将水族瓶放在不会太热，且光可以照射到的地方，可以放 3 天左右。如果只有种水草的话，可以放置 1 周左右。

如果长时间不在家，试试寄养在亲戚朋友家里，告诉他们基本的养护方法，让他们也一起感受水族瓶带来的乐趣吧！

专栏

我开始制作水族瓶的契机

想到制作水族瓶是在一个很偶然的机会。那时候，我是一个水族宠物商店的店员，已经从事水草工作 10 年了。

“有更多人能享受养水草的乐趣就好了……”这种想法每天在我脑海里挥之不去。有一天，一个客人跟我建议说：“可以到园艺商店推荐水草啊，水草也是植物的一种，这样对水草感兴趣的人不就增加了吗？”

于是，我便马上行动！但此时又一个问题困扰着我，我总不能搬着鱼缸去介绍我的水草吧？正烦恼着，我一眼瞥见了仓库角落里的一个瓶子。“之前在鱼缸里布置的水草，可以在这个瓶子里做一个迷你版啊！”于是，我马上用这个瓶子，尝试做了第一个水族瓶。

作品完成！“这个也蛮不错嘛！”“因为有盖子，就算带着走，里面的布置也不会变乱……太好了，总算可以带着去见客户了！”

这就是水族瓶的原型。真是一个非常偶然的契机让水族瓶成为了我生命中不可替代的宝贝。而现在再回想起来，11 年前“水族瓶”诞生的瞬间，仿佛就发生在昨天。

初代的水族瓶

初代的水族瓶，还没有使用彩砂。仅将水草在鱼缸内描绘出的景色凝缩到玻璃瓶中。

第二章

试着制作各种各样的迷你水族瓶吧

前面学会了制作最基础的水族瓶，接下来让我们挑战一下用各种各样形状的容器和不同的水草来制作进阶版水族瓶吧！

请充分发挥想象力，制作出专属于您的个性水族瓶！

不同器皿带来的别样乐趣

香槟杯

细长优雅的香槟杯，只需种植一株水草在里边，就能成为引人注目的作品。

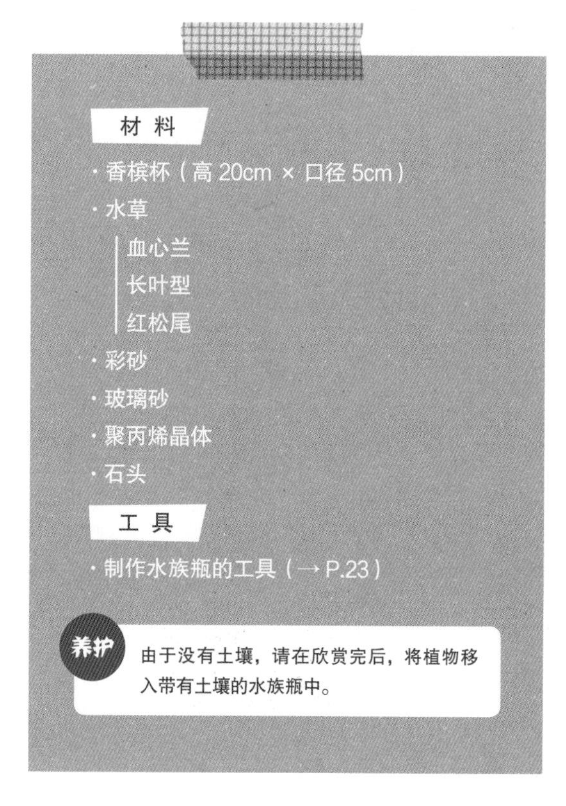

材 料

- 香槟杯（高 20cm × 口径 5cm）
- 水草
  - 血心兰
  - 长叶型
  - 红松尾
- 彩砂
- 玻璃砂
- 聚丙烯晶体
- 石头

工 具

- 制作水族瓶的工具（→ P.23）

养护 由于没有土壤，请在欣赏完后，将植物移入带有土壤的水族瓶中。

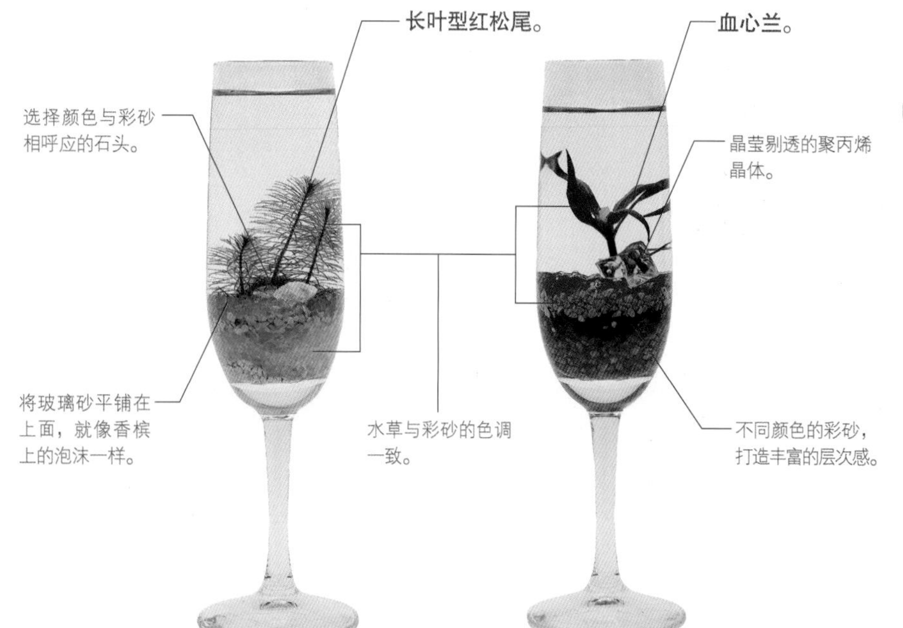

新尝试

试试看圆形的红酒杯

如果说细长的香槟杯充满造型感，那么圆形的红酒杯就可以使作品散发出温暖的感觉。试着根据红酒杯的大小，种植相应的水草吧。

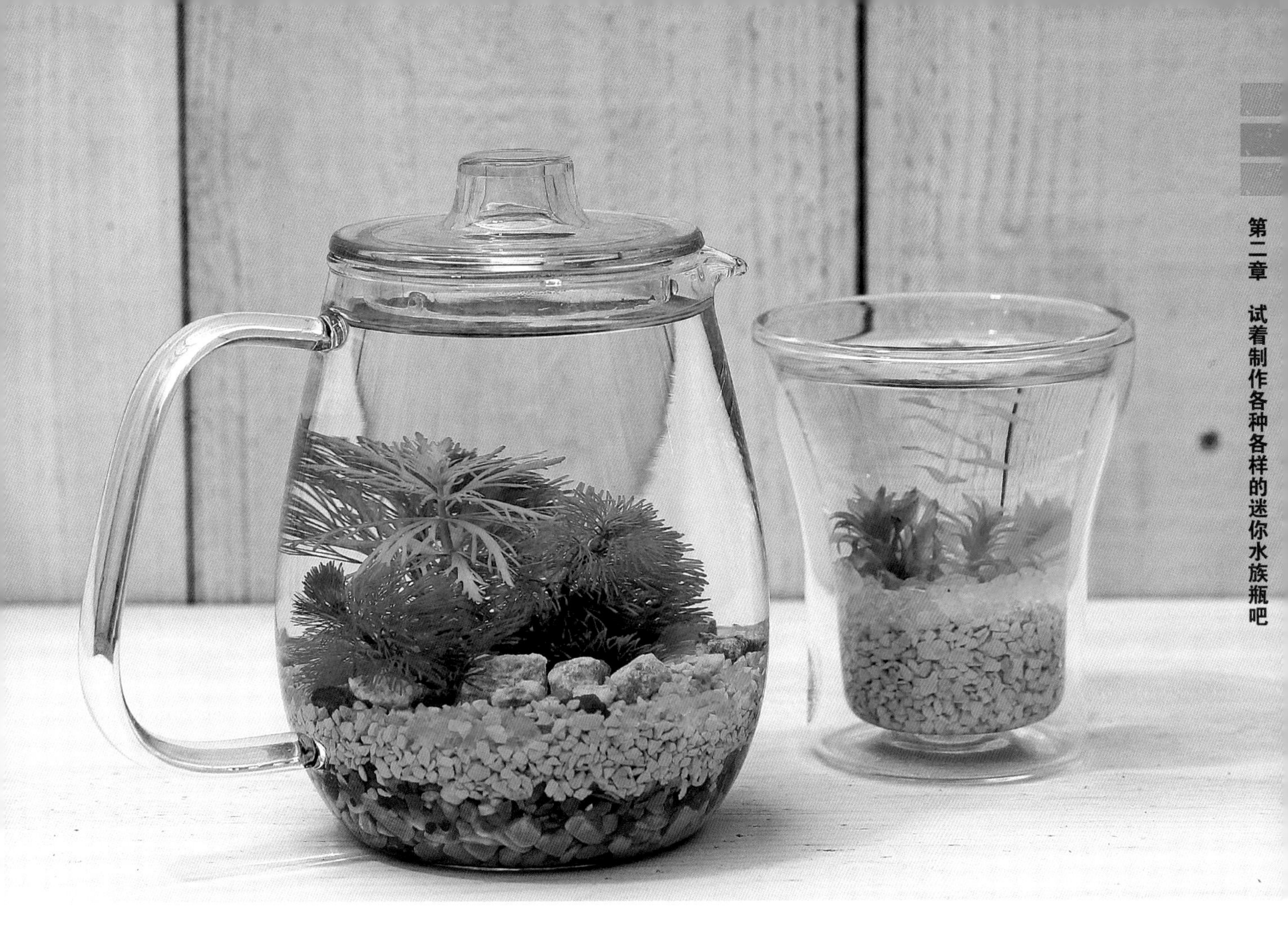

玻璃茶壶与玻璃茶杯

让可爱的玻璃材质的茶壶与茶杯里充满绿色，如同绿茶一般，给人清新感觉。

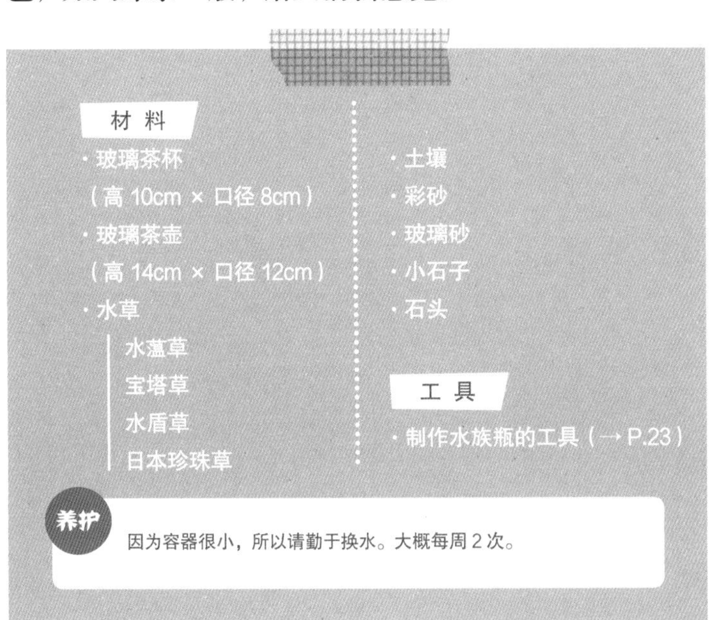

材 料

· 玻璃茶杯
（高 10cm × 口径 8cm）
· 玻璃茶壶
（高 14cm × 口径 12cm）
· 水草
　水蕰草
　宝塔草
　水盾草
　日本珍珠草
· 土壤
· 彩砂
· 玻璃砂
· 小石子
· 石头

工 具

· 制作水族瓶的工具（→ P.23）

养护　因为容器很小，所以请勤于换水。大概每周 2 次。

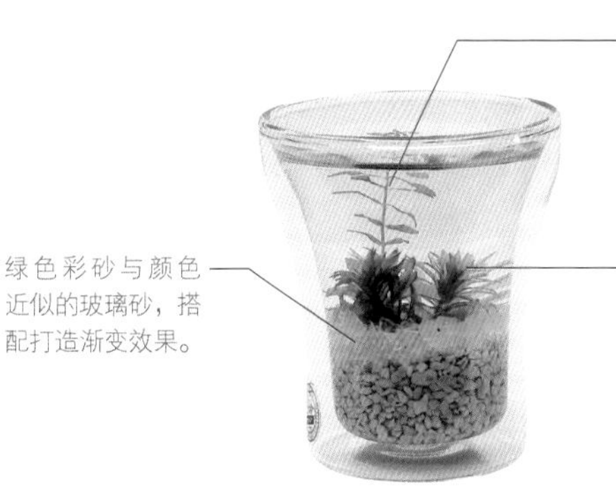

根据水位高度修剪日本珍珠草，使其立于水中。

绿色彩砂与颜色近似的玻璃砂，搭配打造渐变效果。

水蕰草一般姿态高挑，但只将其上端剪下插入土中，又是一种不一样的感觉。

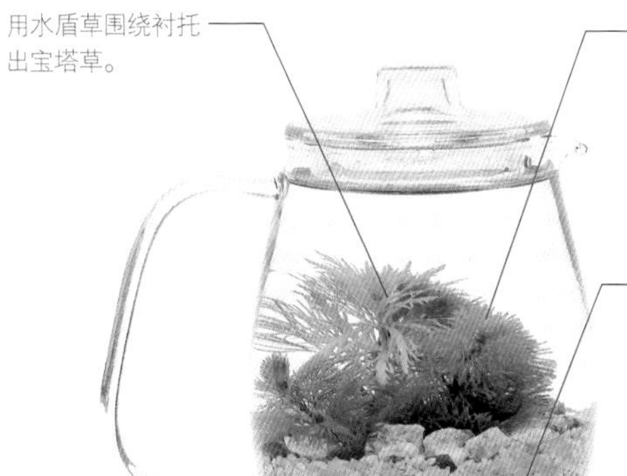

用水盾草围绕衬托出宝塔草。

将水盾草与宝塔草修剪成差不多的高度，更加协调。

绿色调的彩砂与玻璃砂先混合后再铺入，便能十分抢眼。

最下部铺设小石子，使作品更具稳定感。

试管

用五颜六色的彩砂与水草，打造您的个性魔幻作品。

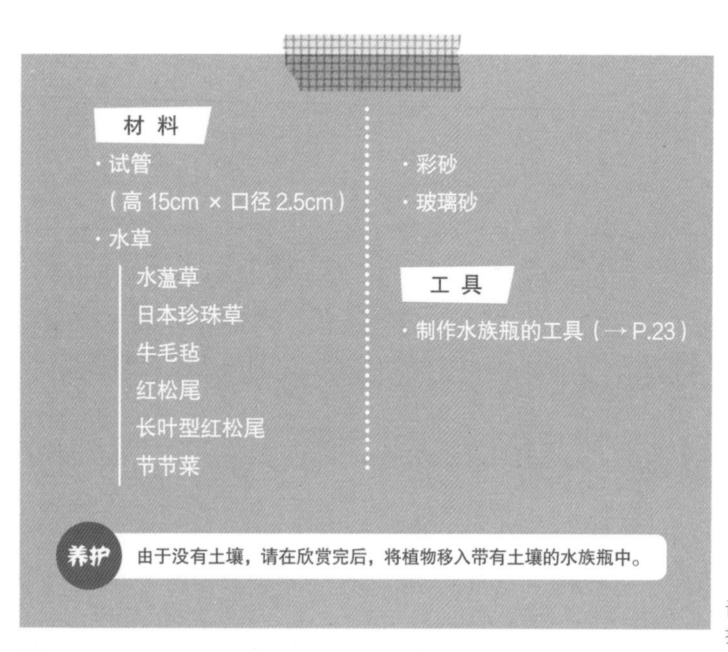

材 料

· 试管
（高 15cm × 口径 2.5cm）
· 水草
　水薀草
　日本珍珠草
　牛毛毡
　红松尾
　长叶型红松尾
　节节菜
· 彩砂
· 玻璃砂

工 具

· 制作水族瓶的工具（→ P.23）

养护 由于没有土壤，请在欣赏完后，将植物移入带有土壤的水族瓶中。

试着改变彩砂的比例，打造千变万化的作品。

3 种撞色彩砂层叠在一起，给人强烈视觉冲击。

迷你玻璃密封罐

高约 10cm 的玻璃密封罐水族瓶，不仅制作简单，而且摆放在任意地方都充满魅力。

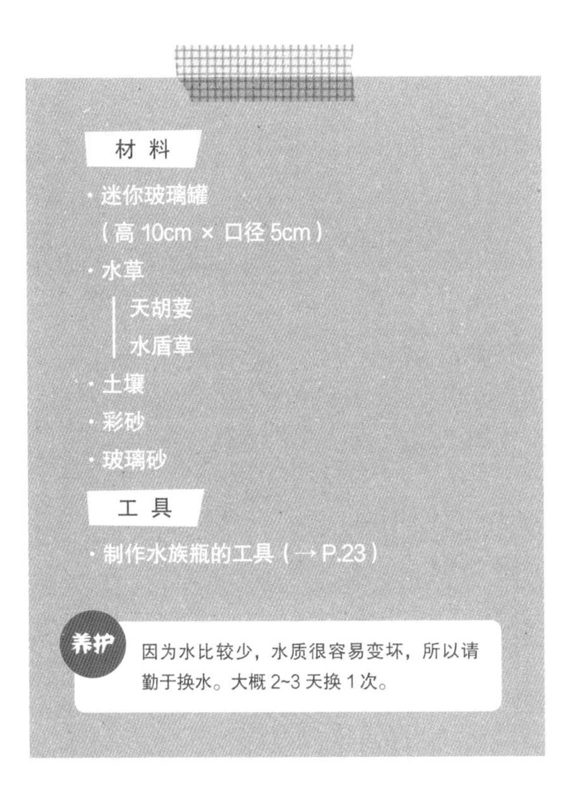

小贴士

在迷你容器里观赏水草叶片

与 P.44 的试管一样，迷你容器内只能放入 1~2 种水草。但正是因为如此，水草的叶片显得更加突出。种植一些叶片形状很有特点的水草，摆放出各种造型，体验不一样的感觉。

瓶中瓶

在大瓶中再放置一个小瓶，两个水族瓶的世界相互交织，就像欣赏沉睡在海底的宝物一般。

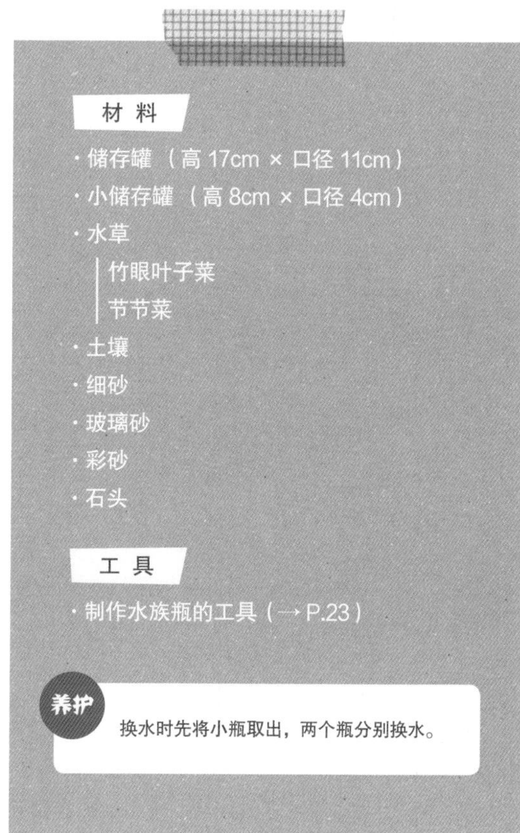

材 料

- 储存罐 （高 17cm × 口径 11cm）
- 小储存罐 （高 8cm × 口径 4cm）
- 水草
  - 竹眼叶子菜
  - 节节菜
- 土壤
- 细砂
- 玻璃砂
- 彩砂
- 石头

工 具

- 制作水族瓶的工具（→ P.23）

养护 换水时先将小瓶取出，两个瓶分别换水。

新尝试

中间小瓶不用盖瓶盖也可以

中间小瓶不盖盖子也是可以的。这样的两个小世界就像连通了一般。因为水可以互相流动，这种情况下换水可以不用取出小瓶。

为了让小瓶更加引人注目，其周边只种植一种外形朴素的水草。如此作品中使用竹眼叶子菜，它的形态就像海藻一般。

使用细白砂，制作出海底的样子。表面撒上一些浅褐色小石子。

小瓶内种植 1 株红色的节节菜，非常抢眼。

海底的石头用黑色小石头表现。把它压在小瓶周围还可以起到固定小瓶的作用。

用黄绿色的彩砂点缀，就像一个个闪闪发光的宝物。

正方体玻璃缸

将同样几个水族玻璃缸并排在一起十分吸引眼球，若把它们叠在一起又能创造出另一番不一样的乐趣。

材 料

- 正方体玻璃缸
  （高 11cm × 长 10cm × 宽 10cm）
- 水草
  - 水薹草
  - 水盾草
  - 日本珍珠草
  - 小狮子草
  - 小对叶
  - 长叶型红松尾
  - 红丁香
- 土壤
  - 彩砂
  - 玻璃砂
  - 石头
- 生物
  - 唐鱼
  - 斑马鱼

工 具

- 制作水族瓶的工具
  （→ P.23）

养护　容器高度不是很高，注意及时修剪水草。

用石头将砂和水草分区。水草区用橙色彩砂，堆叠到从玻璃缸正面可以隐约看见的程度。

俯视视角

3 个玻璃缸并排时，保证石头呈弓形摆放。用力往下压，保证石头根基稳定，不易移动。

在水盾草、水薹草的中间，植入日本珍珠草作点缀，可以种得稍微密一些。

正面视角

试着将水薹草修剪成不同长度植入。

中央的玻璃缸内摆放大块的圆形石头。

蓝紫色的玻璃砂与白色石头搭配，打造清爽感觉。

玻璃碗

广口容器更适合从上方欣赏。长出水面的水草，体现出生命的力量。

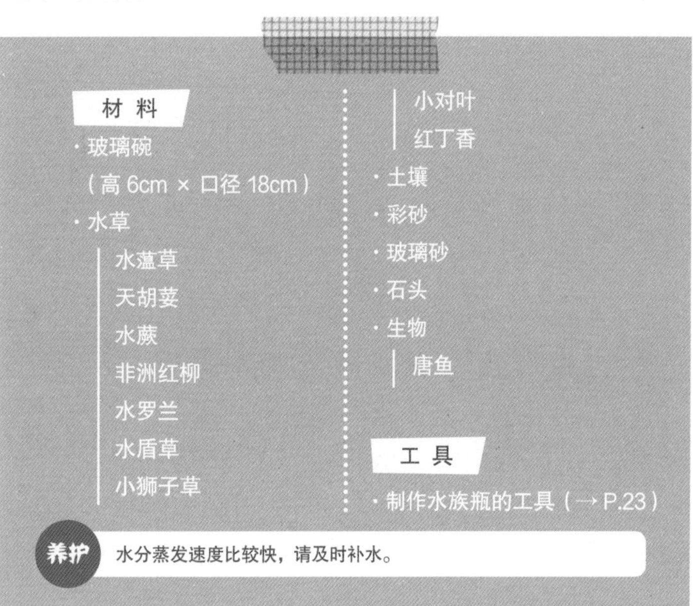

材 料

- 玻璃碗
  （高 6cm × 口径 18cm）
- 水草
  - 水蕴草
  - 天胡荽
  - 水蕨
  - 非洲红柳
  - 水罗兰
  - 水盾草
  - 小狮子草
  - 小对叶
  - 红丁香
- 土壤
- 彩砂
- 玻璃砂
- 石头
- 生物
  - 唐鱼

工 具

- 制作水族瓶的工具（→ P.23）

养护 水分蒸发速度比较快，请及时补水。

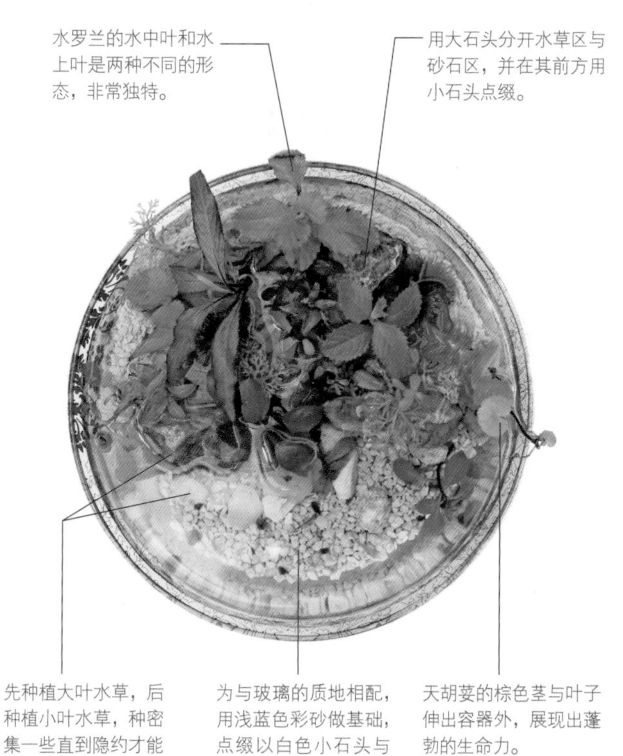

陶制砂锅

陶制砂锅内铺上带厚重沉稳颜色的砂石，再搭配低矮的水草，从上方欣赏，可体会“和”的意味。

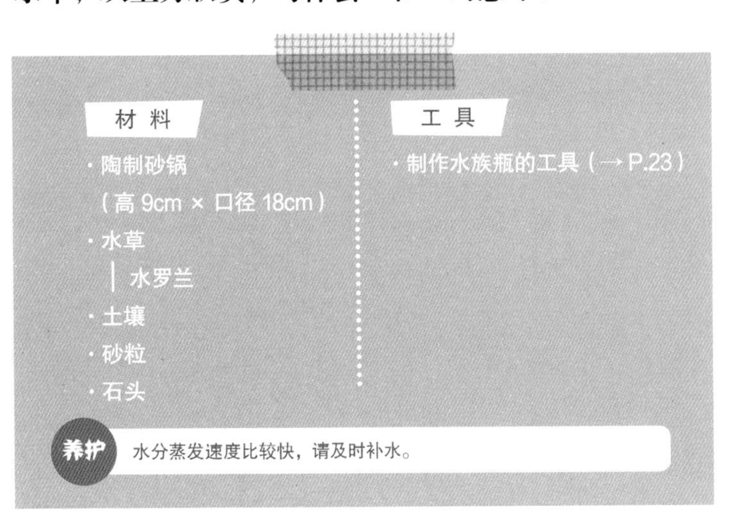

材料

- 陶制砂锅（高 9cm × 口径 18cm）
- 水草
  - 水罗兰
- 土壤
- 砂粒
- 石头

工具

- 制作水族瓶的工具（→ P.23）

养护 水分蒸发速度比较快，请及时补水。

在中心放一块大石头，从上方看会有一种夸张的感觉。

为了让水草立起来，可以在周围放一些很有味道的黑色石头。

水罗兰的水中叶和水上叶形态不同，所以只需种水罗兰一种水草，就好像两种不同的植物和谐共存。

扁平型玻璃皿

宽阔的扁平型容器，既可以保证鱼儿的活动空间，又可以用水草将剩余空间全部填满。

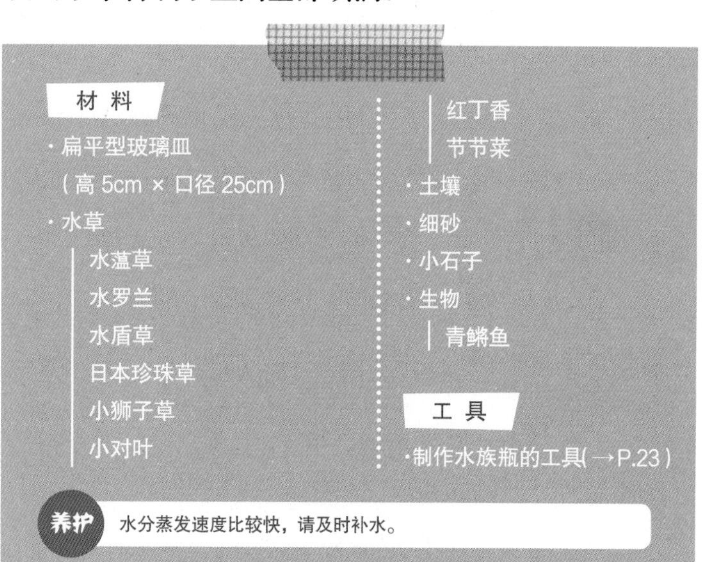

材料

- 扁平型玻璃皿（高 5cm × 口径 25cm）
- 水草
  - 水蕰草
  - 水罗兰
  - 水盾草
  - 日本珍珠草
  - 小狮子草
  - 小对叶
  - 红丁香
  - 节节菜
- 土壤
- 细砂
- 小石子
- 生物
  - 青鳉鱼

工具

- 制作水族瓶的工具（→P.23）

养护 水分蒸发速度比较快，请及时补水。

首先，种植绿色水草，如水盾草、水蕰草。之后，种植颜色稍浅的水草或红褐色的水草。

大叶水草的中间，种上圆叶水草或小叶水草。

用大一些的石头，将水草区与砂石区分开。保证鱼有大片活动空间。

白色细砂的上面，撒上浅褐色小石子，调和与水草的色差。

玻璃皿内空间宽阔，可以选择投放青鳉鱼这种身体笔直的鱼来欣赏它矫健的游姿。

可以种植像水罗兰这样叶形优美的水草。这样，在大石头旁边便能够欣赏叶子在其上方微微摆动的样子。

圆筒形花瓶

在圆筒形花瓶里，放入适合高度的枯枝，周围环绕种植较长的水盾草，看上去就像一棵松树一样。

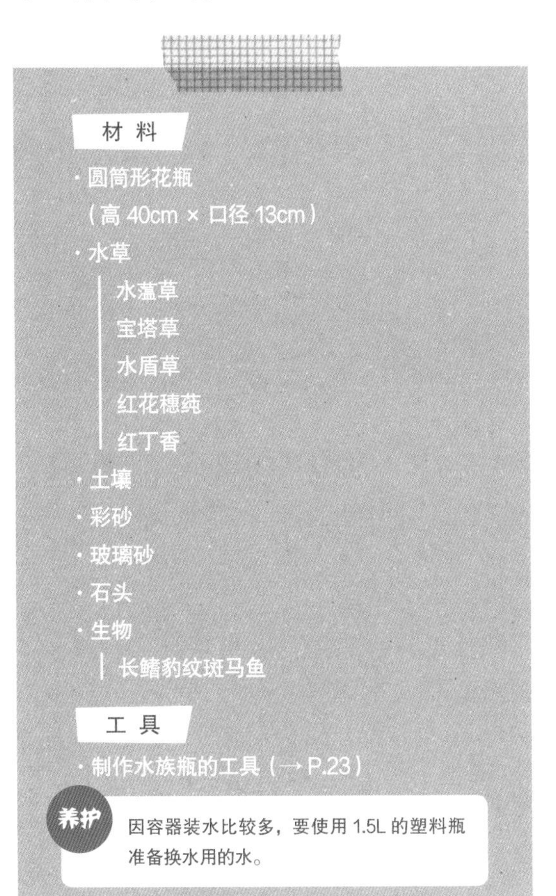

材 料

- 圆筒形花瓶
  （高 40cm × 口径 13cm）
- 水草
  - 水蕴草
  - 宝塔草
  - 水盾草
  - 红花穗莼
  - 红丁香
- 土壤
- 彩砂
- 玻璃砂
- 石头
- 生物
  - 长鳍豹纹斑马鱼

工 具

- 制作水族瓶的工具（→ P.23）

养护 因容器装水比较多，要使用 1.5L 的塑料瓶准备换水用的水。

扁方缸

宽阔的方缸内，并排植入各种各样的水草，享受简单大气的美感。

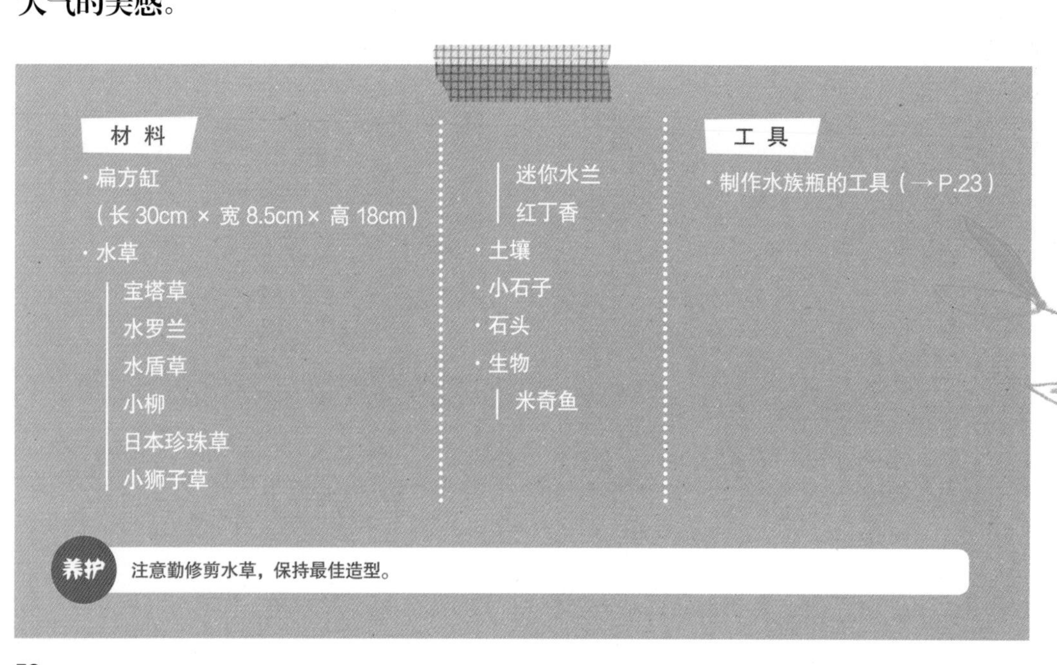

材 料

· 扁方缸
（长 30cm × 宽 8.5cm× 高 18cm）
· 水草
  宝塔草
  水罗兰
  水盾草
  小柳
  日本珍珠草
  小狮子草
  迷你水兰
  红丁香
· 土壤
· 小石子
· 石头
· 生物
  米奇鱼

工 具

· 制作水族瓶的工具（→ P.23）

养护 注意勤修剪水草，保持最佳造型。

●俯视视角

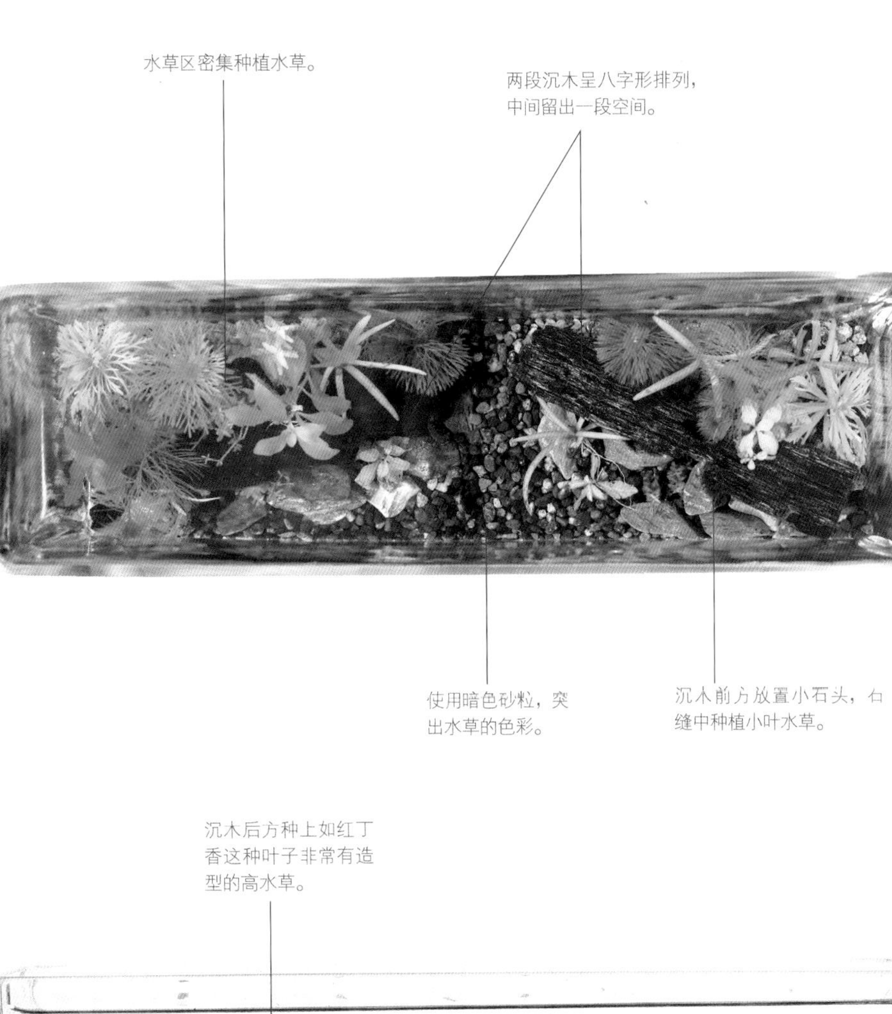
水草区密集种植水草。
两段沉木呈八字形排列，中间留出一段空间。
使用暗色砂粒，突出水草的色彩。
沉木前方放置小石头，石缝中种植小叶水草。

●正面视角

沉木后方种上如红丁香这种叶子非常有造型的高水草。
在显眼的位置种上宝塔草，欣赏它在水中微微摇摆的姿态。
在沉木的厚重茶色背景映衬下，浅黄绿色的迷你水兰更加美丽。
中央留下一段空隙什么也不种，使作品显得更加宽阔。

进阶篇

大酿酒瓶

大型的酿酒瓶，对于制作水族瓶刚入门的你，是一个大挑战。注意水草的高度与颜色的搭配。

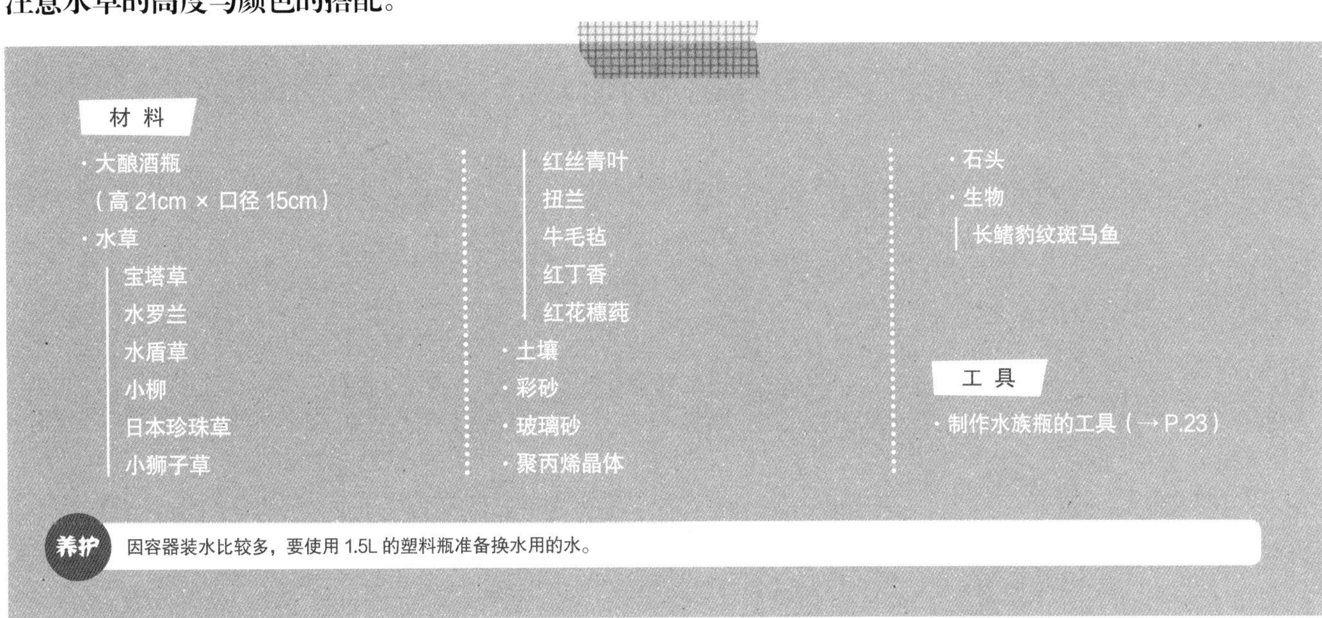

材料

- 大酿酒瓶（高 21cm × 口径 15cm）
- 水草
  - 宝塔草
  - 水罗兰
  - 水盾草
  - 小柳
  - 日本珍珠草
  - 小狮子草
  - 红丝青叶
  - 扭兰
  - 牛毛毡
  - 红丁香
  - 红花穗莼
- 土壤
- 彩砂
- 玻璃砂
- 聚丙烯晶体
- 石头
- 生物
  - 长鳍豹纹斑马鱼

工具

- 制作水族瓶的工具（→ P.23）

养护　因容器装水比较多，要使用 1.5L 的塑料瓶准备换水用的水。

先种植绿色的水草，再在其中种植红褐色的水草加以点缀。

使用大块石头，层叠摆放营造立体感。

用绿色与橙色的彩砂配合，制造温暖的氛围。

因瓶体比较高，先用柔软高大的水草制造出随波飘动的大背景。

瓶体中部选用叶片很有造型、色彩浓绿的水草。

瓶体前部选用低矮、叶形小巧可爱的水草。

将牛毛毡种植在水草间或石头的缝隙里，提升作品的整体协调感。

四季·春

用水族瓶可以制造出各种充满季节感的作品。让我们一起试着制造一个充满生命色彩的春天吧!

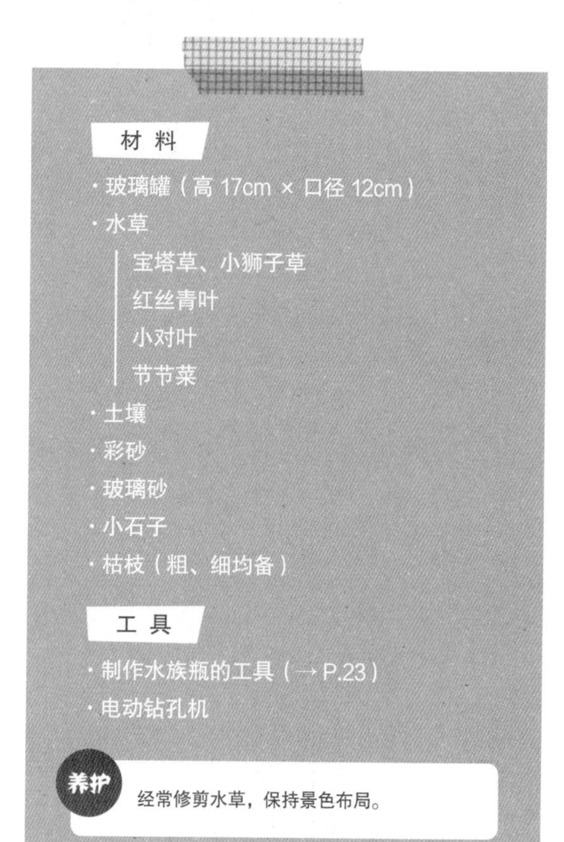

材料

- 玻璃罐（高 17cm × 口径 12cm）
- 水草
  - 宝塔草、小狮子草
  - 红丝青叶
  - 小对叶
  - 节节菜
- 土壤
- 彩砂
- 玻璃砂
- 小石子
- 枯枝（粗、细均备）

工具

- 制作水族瓶的工具（→ P.23）
- 电动钻孔机

养护 经常修剪水草，保持景色布局。

俯视视角

种上颜色鲜绿的水草，其间用透出淡红色的红丝青叶加以点缀。

正面视角

在粗的枯枝上部用电动钻孔机打个孔，植入节节菜，这样看上去就像是一棵樱花树。

右边插上一节细枯枝，与左边的“樱花树”相呼应。

为了突出“樱花树”，下方不要选用植株太高的水草。

选粉色、白色、浅绿色的彩砂，营造出春天的温暖氛围。

四季·夏

用浅蓝色的彩砂做背景，打造清爽的夏日海滩。

材 料

- 玻璃罐（高 17cm × 口径 12cm）
- 水草
  - 水蕰草
  - 宝塔草
  - 小狮子草
  - 日本珍珠草
  - 小对叶
  - 节节菜
- 土壤
- 彩砂
- 玻璃砂
- 石头
- 生物
  - 唐鱼

工 具

- 制作水族瓶的工具（→ P.23）

养护　经常修剪水草，保持景色布局。

●正面视角

选择淡绿色的水草，演绎清爽的感觉。

前部的石头缝隙里植入日本珍珠草，非常可爱。

并排种植同样高度的小对叶，欣赏它们随波飘动的姿态。

为了增加作品的整体感，用黑色的方形石头做过渡。

用浅蓝色和白色的彩砂做底色，点缀上深蓝色的玻璃砂，制造出立体感。

●俯视视角

前部给彩砂留出较多地方，制造海边的氛围。

四季·秋

秋天是寂寞但温暖的季节。让我们多用带红色的水草制造出这种氛围吧！

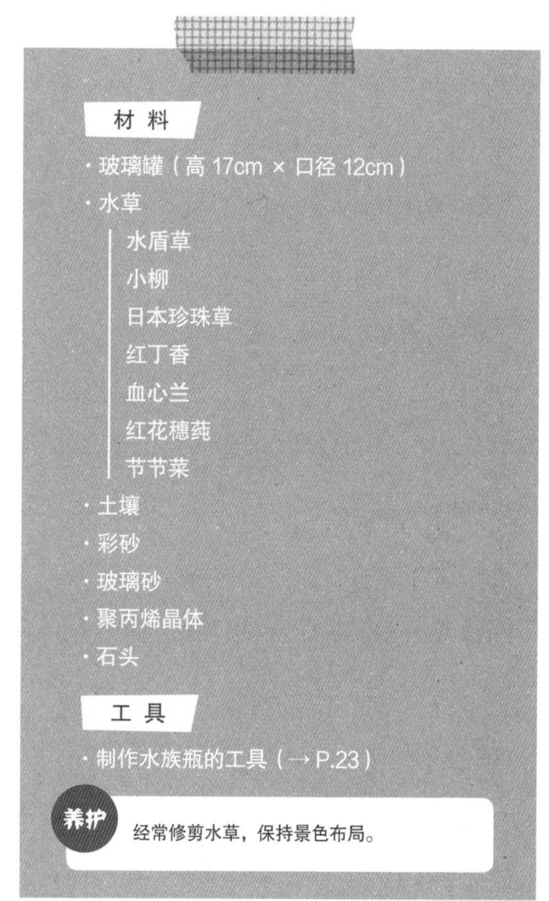

材 料

· 玻璃罐（高 17cm × 口径 12cm）
· 水草
  - 水盾草
  - 小柳
  - 日本珍珠草
  - 红丁香
  - 血心兰
  - 红花穗莼
  - 节节菜
· 土壤
· 彩砂
· 玻璃砂
· 聚丙烯晶体
· 石头

工 具

· 制作水族瓶的工具（→ P.23）

养护 经常修剪水草，保持景色布局。

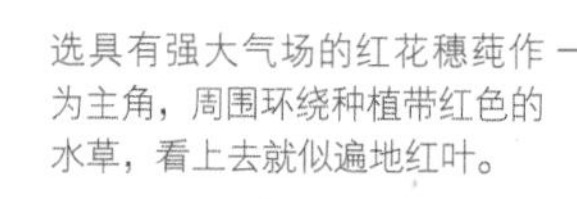

●正面视角

选具有强大气场的红花穗莼作为主角，周围环绕种植带红色的水草，看上去就似遍地红叶。

在前部的石头缝隙里植入小型水草。

推荐石头的摆设，建议靠后方处用黑色石头，前方处用茶色或带红色的石头。

用黄色、橙色的彩砂打底，点缀上红色的玻璃砂，给人以温暖的印象。

●俯视视角

四季·冬

仿佛是树木都冻结了的冰雪世界。白砂正是最适合用来表现雪景的道具。

材料

- 玻璃罐（高 17cm × 口径 12cm）
- 水草
  - 水盾草
- 土壤
- 白砂
- 小石子
- 玻璃砂
- 石头

工具

- 制作水族瓶的工具（→ P.23）

养护 经常修剪水草，保持景色布局。

正面视角

种植一株较高的水盾草，作为主角吸引眼球。

将切短的水盾草种入，只露出穗尖。
用简单少量的植物，就能表现冬天的景色。

表面铺上浅蓝色的玻璃砂，呈现出透明的冰世界。

作品完成后，再在表层撒上少量白砂，打造就像刚下过雪一样的效果。

用白砂代表冰雪，下面用一些棕色小石子代表正在等待冰雪消融的土壤。

白色的石头，就像被冰冻住一样。

俯视视角

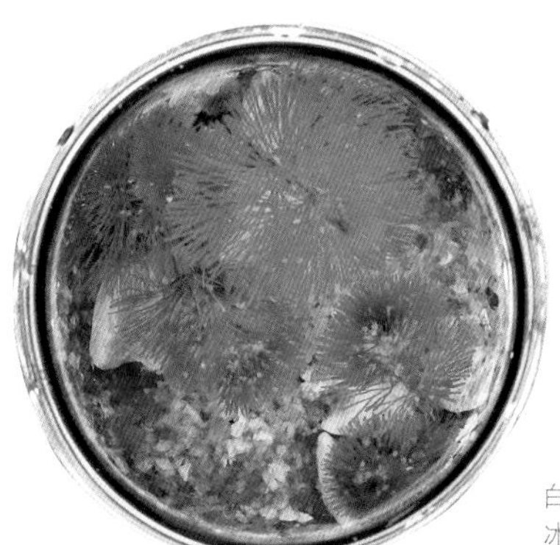

回家的路

利用方缸的纵深，铺设一条充满故事和回忆的小路，通向自己温暖的家。

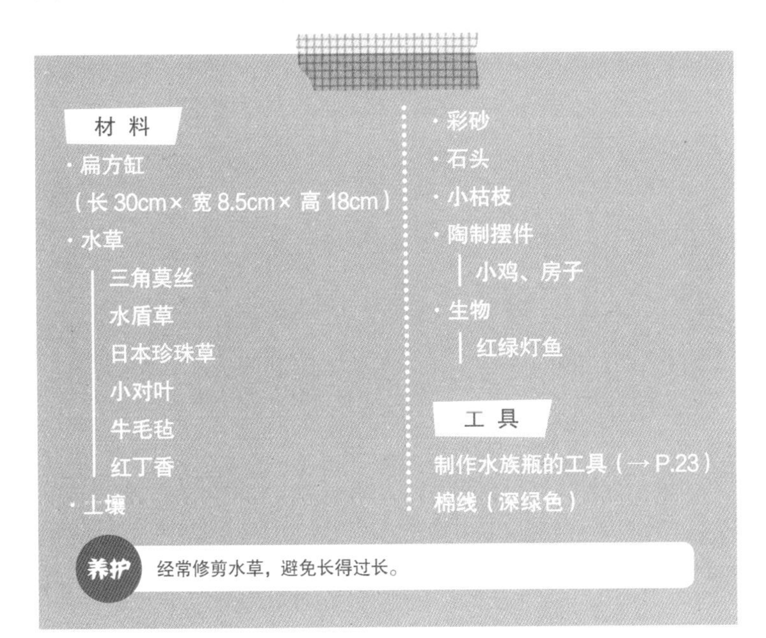

材 料

- 扁方缸
  （长 30cm× 宽 8.5cm× 高 18cm）
- 水草
  - 三角莫丝
  - 水盾草
  - 日本珍珠草
  - 小对叶
  - 牛毛毡
  - 红丁香
- 土壤
- 彩砂
- 石头
- 小枯枝
- 陶制摆件
  - 小鸡、房子
- 生物
  - 红绿灯鱼

工 具

制作水族瓶的工具（→ P.23）
棉线（深绿色）

养护 经常修剪水草，避免长得过长。

●侧面视角

用棉线将三角莫丝固定在小枯枝上，插在房子后方，就像一棵大树一样。

土壤倾斜铺开，在高处最显眼的位置放置房子。

●正面视角

在最后方，种上红丁香这类叶子大且植株较高的水草。

在中部种上叶片柔软或带有红色的水草。

在前部种上日本珍珠草这类小巧可爱的水草。

使用亮色石头，与土壤的颜色形成对比。

●俯视视角

用小石头将土壤区与水草区分开。把石头往下压固定好，使其不易移动。

在前部的水草区，撒上一些绿色彩砂，做成像草地一样的效果。

色彩与波普风

选择很有特色的牛奶瓶，加上鲜艳的水草与彩砂，打造波普风作品。

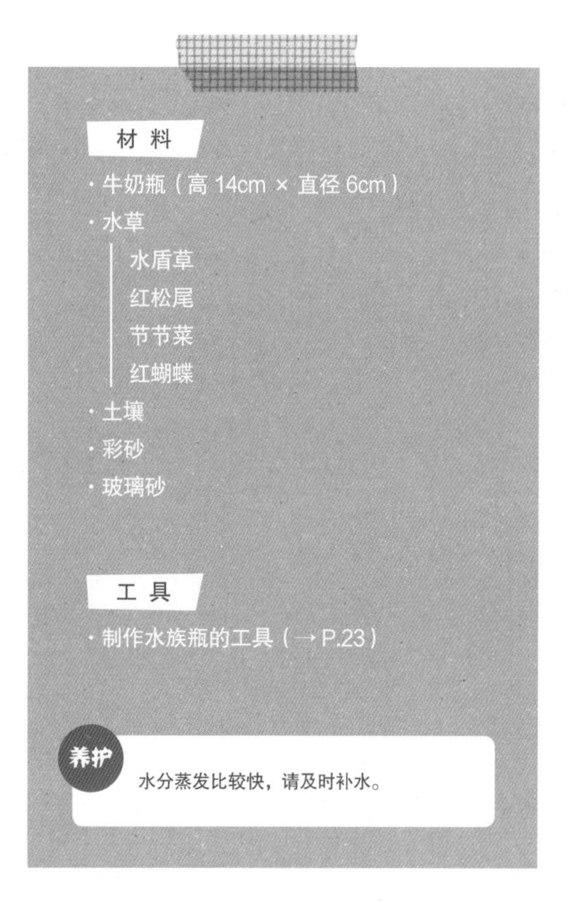

材料

- 牛奶瓶（高 14cm × 直径 6cm）
- 水草
  - 水盾草
  - 红松尾
  - 节节菜
  - 红蝴蝶
- 土壤
- 彩砂
- 玻璃砂

工具

- 制作水族瓶的工具（→ P.23）

养护　水分蒸发比较快，请及时补水。

在后部种植一株较高的红松尾，欣赏它在水中摇曳的姿态。

用鲜绿色的水盾草做背景，突出红色的节节菜。

用几种不同颜色的彩砂、玻璃砂混合后铺在表面。

红蝴蝶的新芽就像华丽绽放的花朵一样。

下部铺上厚厚一层非常显眼的半透明粉红色彩砂，使作品更加可爱。

小贴士

圆形容器更具波普风

让作品的色彩更加明快突出的要点之一，就是一定要使用圆形的容器。方形容器会给人以严肃的感觉。所以根据你要达成的效果，选择合适的容器是非常重要的。

富士山下的茶园

让我们重现世界文化遗产——日本三保松原的美景。使用球形容器的关键点，就是要将水草区与砂石区分开，利用纵深制造出高度感与层次感。

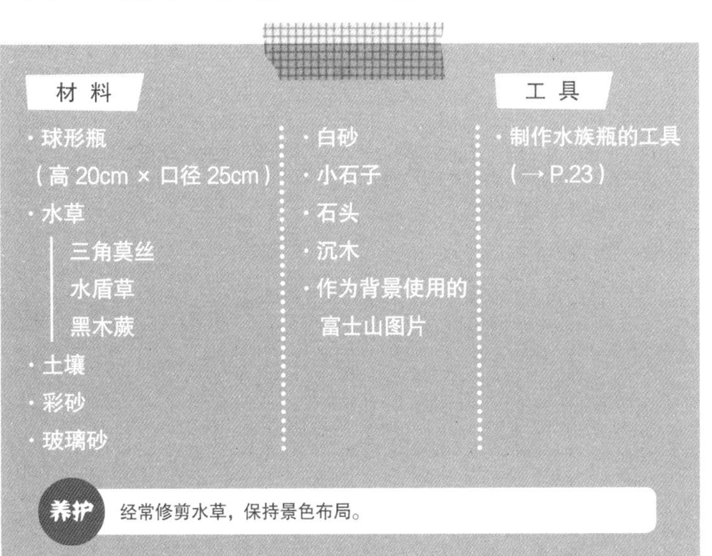

材料

- 球形瓶（高 20cm × 口径 25cm）
- 水草
  - 三角莫丝
  - 水盾草
  - 黑木蕨
- 土壤
- 彩砂
- 玻璃砂
- 白砂
- 小石子
- 石头
- 沉木
- 作为背景使用的富士山图片

工具

- 制作水族瓶的工具（→ P.23）

养护 经常修剪水草，保持景色布局。

●正面视角

在枯枝上放置黑木蕨，制造松树的感觉。

用有一定高度的方形石头区分出茶田，石头后方种上高出石头的水盾草。

用土壤和小石子在左侧堆出一定高度，制造立体感。

将富士山的图片贴在容器后部的外壁上。

●俯视视角

用三角莫丝种出一片“茶园”。

从上方看。选择大棵的黑木蕨，盖住大片水面，使作品更具气场。

用大块沉木区分出水草区与砂石区。

围绕着三角莫丝茶园种植一圈切短的水盾草。

白色、浅蓝色、蓝色的彩砂混合，制造出大海与波浪的景象。

STEEL

热带雨林

这是一个充满了生机的森林。使用颜色朴素的底砂，突出形态与颜色各异的水草。

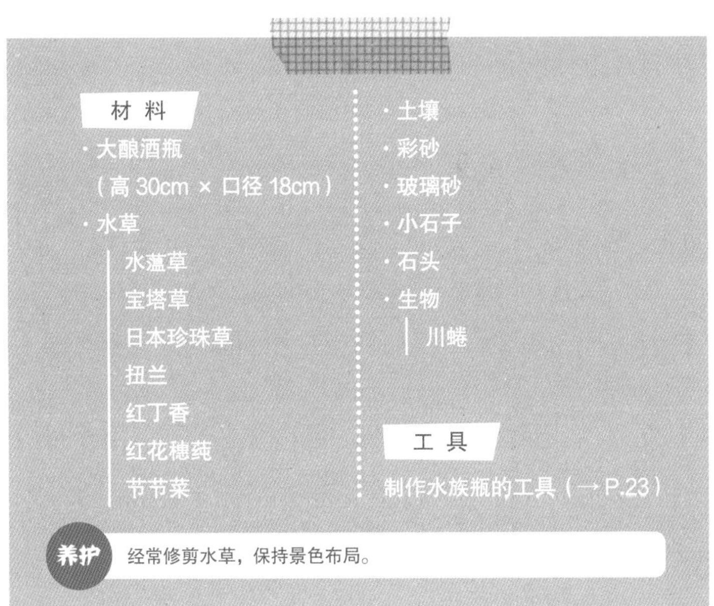

新尝试

用带棱角的石头改变瓶内氛围

本作品使用的是圆形褐色石头，但如果换作使用带棱角的石头，就会给作品增添一股力量感。仅仅是变换石头，就可以使整个作品完全变换一个风格。一起动手试试吧！

扭兰种在后方，欣赏它在水中摇曳的姿态。

选择有一定高度的水蕰草，给人以强烈的视觉冲击。

摆放圆形的大块石头，打造出仿佛置身于大自然之中的效果。

使用淡色调的彩砂，衬托出水草的鲜绿。

选择一株较长的红花穗莼栽种在中间，十分吸引眼球。

容器中部种上几株水盾草，使整体显得更加浓密。

前部的石头间隙里，种上小型的日本珍珠草或红丁香，加强整体感。

进阶篇

日式庭院与金鱼

这是充满日式风味的作品。不真正养金鱼，用金鱼摆件来代替。本作品不突出单个水草的个性，而是注重瓶内整体的协调感。

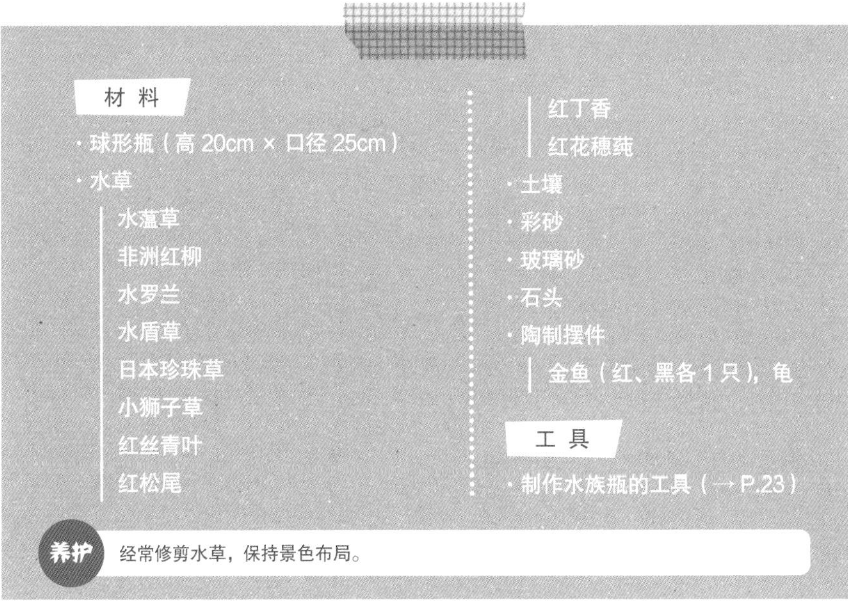

材 料

- 球形瓶（高 20cm × 口径 25cm）
- 水草
  - 水薀草
  - 非洲红柳
  - 水罗兰
  - 水盾草
  - 日本珍珠草
  - 小狮子草
  - 红丝青叶
  - 红松尾
  - 红丁香
  - 红花穗莼
- 土壤
- 彩砂
- 玻璃砂
- 石头
- 陶制摆件
  - 金鱼（红、黑各 1 只），龟

工 具

- 制作水族瓶的工具（→ P.23）

养护 经常修剪水草，保持景色布局。

新尝试

一些可以打造日式风格的水草

如果想要打造日式风格，推荐使用水罗兰、水盾草、水薀草、日本珍珠草。

虽然它们各自的颜色和形态都不一样，但是“和”的意味正是由各种个性共同协调来体现。

●正面视角

后方种一株较高的水薀草，清爽的绿色赋予作品透明感。

摆件放在石头上，制造立体感。

大块的黑色石头非常吸引眼球。其前方用浅绿色的小狮子草点缀装饰。

在水盾草的间隙处，植入小叶片的日本珍珠草或带红色的红丝青叶。

●俯视视角

水罗兰种在主石的旁边，优美的叶片形态，散发和风的味道。

水盾草的样子像松树，可以多种一些。同时，在它们的间隙里植入各式各样不同的水草。

白色彩砂做底色，撒上几粒褐色玻璃砂。

前部可以种一些日本珍珠草，一片片连起来就像草地。

选几块差不多大小的圆润的石头排在前部，制作一条庭院小径。

进阶篇

西洋花园

使用各种叶片形态不同的水草，表现出不同个性的西洋风格。用沉木做出不同层次，使水草在每个层次都表现出不同。

材 料

- 球形瓶（高 20cm × 口径 25cm）
- 水草
  - 水罗兰
  - 水盾草
  - 小柳
  - 针叶皇冠
  - 日本珍珠草
  - 小狮子草
  - 红丝青叶
  - 小对叶
  - 铁皇冠
  - 血心兰
  - 红花穗莼
  - 节节菜
- 土壤
- 玻璃砂
- 石头
- 沉木

工 具

- 制作水族瓶的工具（→ P.23）

养护 经常修剪水草，保持景色布局。

新尝试

西洋风的基础就是“异形异色”

想要用水草打造西洋风，秘诀就是使用不同风格的水草混搭。在每一株水草旁边搭配上“异形异色”的另一种水草，使它们互相衬托出对方的美丽。总之，最重要的就是让每一株水草都显得魅力非凡。

●正面视角

使用3根较粗的沉木，将瓶内分成3个区域，高度从左至右依次降低。

在后方植入像小柳这样的叶片细长的水草，感受叶片在水中的摇曳，增加作品灵动性。

最前方种几棵小巧的红丝青叶，增添可爱感。

●俯视视角

在沉木的空隙处随意放入石头，在石头边种入水罗兰这样叶片形状非常美丽的水草。

将较短的水盾草一字排开植入，就像一排行道树。旁边再植入小叶片的小对叶作搭配。

使用淡色调的细玻璃砂与白砂，衬托水草的鲜绿。

布置进阶篇

聚会与生日礼物

生日礼物

简简单单的水族瓶，配上可爱的卡片——就是一份特别的生日礼物。

制作方法

将粉色与红色的玻璃砂混合铺在上层，并用镊子在瓶壁内侧压出波浪状。再在最上方沿瓶内壁放置一圈白色小石头。中间植入切短的水盾草。

聚会伴侣

家庭聚会的时候，在桌上放置一瓶可爱的水族瓶，能使房间变得绚丽多彩又温暖。

制作方法

香槟杯水族瓶制作参照 P.42。从底部依次铺入粉色、黄色的彩砂，最上方铺一层白色、浅蓝色、粉色混合的彩砂。沿瓶内壁种植切短的水盾草，中央植入较高的红花穗莼与血心兰。

水草和生物图鉴

接下来，介绍一下适用于水族瓶的水草与生物。

请以图鉴中水草的形态和颜色作为参考，制作专属于您的作品。

水草图鉴

请根据水草的颜色、形态、养护的难易程度，选择适合您的种类。

水蕴草

Egeria densa

●**原产地　南美**

植株粗壮，养护简单，是最适合水族瓶的水草。只要简单切下一段带根的茎，就可以很快长成新株。

· P44　试管

· P47　正方体玻璃缸

有着透明感的绿叶片，任其生长或切短都很好看。植株在水中飘逸的姿态非常优美。

Hydrocotyle leucocepbala

●**原产地　巴西**

它是有着圆心形叶片的可爱水草，深受大家喜爱。如果长得太长，可以将多余的部分切下，移栽到别的地方，茎节处就会生出根来，成为新株。需要注意的是，它的根很短，不容易固定，要将它植入土中稍微深一些。

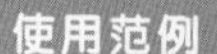

· P45　迷你玻璃密封罐

· P48　玻璃碗

可以将整株植入水下，也可以半露出水面，制造出不一样的感觉。

宝塔草

Limnopbila sessiliflora

●**原产地　日本、东南亚**

与水盾草非常相似，但颜色更偏浅绿色。宝塔草的茎节处生出好几片叶子，而水盾草的叶子则是像翅膀一样对生。

使用范例

· P55　大酿酒瓶

· P57　四季 · 夏

叶片颜色较浅，与白色或浅蓝色的彩砂搭配，能展现清爽感觉。

三角莫丝

Fantinalis antipyretica

●原产地 欧洲、亚洲、北美

苔类的一种。在水中可以吸附在石头或者沉木上生长，就像覆盖着一层绿色的毯子。如果长得太长，请及时用剪刀修剪。

使用范例

・P63 富士山下的茶园

在石缝中栽种，别具生趣。将它切成小块半埋在砂粒中，也是另一番味道。

水罗兰

Hygropbila difformis

●原产地 东南亚

在水中，其叶片形态像芹菜叶一般细长并有分支，但在水面上，叶片形态像薄荷叶一般呈椭圆形。植株养护简单，造型优美，是难得的宝物。

使用范例

・P48 玻璃碗
・P49 陶制砂锅

叶片形态富于变化，仅用一株就可以制作出一件作品。

水盾草

Cabomba caroliniana

●原产地 巴西、北美

它也被叫做金鱼藻。像松树一样有针状的叶片，别具一番日式味道。它那深绿色的身影，无论只种一棵或种上一片，在水中都能成为一幅画。请注意，如果光照不足，叶片颜色会变浅。

使用范例

・P43 玻璃茶壶与玻璃茶杯
・P59 四季・冬

叶子很蓬松，只种上一棵就能让作品非常饱满。

日本珍珠草

Hemiantbus micrantbemoides

●原产地 改良品种

细长的茎和小小的叶片给人清秀的感觉，但根部却是非常的强壮发达，因此养护十分简单。另外还有叶片呈圆形的趴地珍珠草（P.77）等不同品种。

使用范例

・P43 玻璃茶壶与玻璃茶杯
・P65 热带雨林

日本珍珠草的特征是在茎节处生出成对的叶片。可以选在石头的间隙里种植，以衬托出其可爱的小叶片。

小狮子草

Hygropbila polysperma

●**原产地　印度、东南亚**

小狮子草是一种非常容易适应环境、养护简单的水草。叶片浅绿色中带黄。光照加强会使叶片呈现淡褐色。建议将茎截短，欣赏它可爱的一面。

使用范例

·P47　正方体玻璃缸
·P56　四季·春

在针叶水草中间种上一棵，非常醒目跳跃，瞬间提升作品的层次感。

红丝青叶

Hygropbila polysperma

●**改良品种**

叶片淡绿中透出粉红色，叶脉部分呈白色。为了保持这种最美的颜色，要有足够的光照强度。光照不足会使叶片变回绿色。

使用范例

·P56　四季·春
·P67　日式庭院与金鱼

一片叶片就呈现出层次感极强的多种颜色。只需1棵，就能使作品熠熠生辉。

小对叶

Bacopa monnieri

●**原产地　美洲、非洲、亚洲**

小对叶有着鸡蛋型的肥厚叶片。虽然生命力顽强，但是生长缓慢。养护简单，不需要经常修剪。

使用范例

·P47　正方体玻璃缸
·P48　玻璃碗

植株挺拔，向上生长，有可能长出水面。在低矮水草中栽种，能使作品充满蓬勃生机。

迷你水兰

Sagittaria Sbulata var. *Pusilla*

●**原产地　北美洲**

细长的叶片呈放射性展开，弧度优美。因为新叶是从中心部长出，所以当外侧的叶片需要修剪时，请向下一直剪到根部。喜阳，光照不足会使植株状态不佳。

使用范例

·P52　扁方缸
·P58　四季·秋

在不同水草间种上1株，其优美的叶片形态立刻夺人眼球。

牛毛毡

Eleocbalis acicularis

●**原产地**　东亚

如它的名字一般，细长的叶片就像毛发一样。因为存在感不是很强，常用于配合衬托其他水草，使作品更有协调感。

使用范例

・P44　试管
・P55　大酿酒瓶

仅仅 1 株也可以成为焦点，但若成片种植就如同草原一般。

红丁香

Ludwigia Paluustris X repens

●**原产地**　欧洲、南亚、北美洲

随环境改变，叶子会呈浅绿色、橙色、黄色，给予作品丰富的变化。叶片背面带有红色，建议在绿叶水草中种植。

使用范例

・P52　扁方缸
・P55　大酿酒瓶

植株不是直立生长，而是弯弯曲曲地生长，可给予作品灵动性。

红花穗莼

Cabomba furcata

●**原产地**　南美洲

与水盾草颜色不同，红花穗莼呈紫红色。在健康状态下，呈黑色；反而在营养不足的时候，呈现出最美颜色。

使用范例

・P51　圆筒形花瓶
・P58　四季・秋

在绿色的水草中种植，可以突出本体美丽的紫红色。

节节菜

Rotala indica

●**原产地**　日本、东南亚

虽然茎细叶小，但非常显眼夺目，很适合栽种于水族瓶中。随着光照强弱的不同，叶片的颜色也在绿色和红色之间变化。为了呈现最美的红色，请增加光照强度。

使用范例

・P46　瓶中瓶
・P56　四季・春

在普遍较难养的红色水草中，算是最好养的一种。可以试着将它栽在一片绿色水草中作点缀。

迷你小叶榕

Anubias barteri var. *nana 'Petite'*

●改良品种

有着深绿色的厚叶片。根部生长缓慢，起初不易固定，但只要根部生长开来，就是扎根最深最稳的一种。属于需要耐心慢慢养护的水草。

水蕨

Ceratopteris tbalictroiddes

●原产地　越南

水生蕨类植物。叶像胡萝卜的叶，细长且多分叉，呈明快的黄绿色。剪下的叶片在水中漂浮也会生根，可以作为浮草观赏。

非洲红柳

Nesaea pedicellata

●原产地　非洲

有着水草中不常见的黄色叶片。仅仅 1 株就充满存在感。把它跟绿色、红色的水草混合栽种，可使作品的色彩富于变化。为了使黄色更加鲜亮，请增加光照强度。

竹叶眼子菜

Potamogeton malayanus Miq.

●原产地　日本

叶片如竹叶一般，呈半透明状态。在水中摇曳时如同海藻，呈现清凉的感觉。推荐作为背景栽种在后排。

小柳

Hygropbila angustifolia

●原产地　东南亚、美国

柔软细长的叶片，能营造温暖的氛围。养护简单，生长迅速，需要经常修剪。将切下来的叶柄插在沙里又会很快生根。

针叶皇冠

Ecbinodorus tenelus

●原产地　北美洲、南美洲

叶片细长，呈放射状展开，叶片宽度介于迷你水兰与牛毛毡之间。栽种在石缝中，别具意境。

非洲红柳变种

Nesaea sp.

●**原产地** 非洲

叶片多而密，呈深红色。生命力顽强，养护简单，但要使叶片呈现出最美的颜色则比较难。光照不足叶片呈绿色，光照过多叶片又会变成褐色。

小红梅

Ludwigia arcuata

●**原产地** 北美洲

有着像针一般细长的叶片，叶片带有红色。植株较小没有太多存在感，但若栽种于绿色水草之间，就经常会成为焦点。

趴地珍珠草

Micrantbemum sp.

●**原产地** 中美洲、南美洲

圆形的小叶片非常可爱。与其他很多水草不同，它不向上生长而是沿石头或地面匍匐生长。推荐作为较高大水草的前景栽种于前排。

扭兰

Vallisneria spiralis

●**原产地** 欧洲、非洲

扭兰充满透明感的带状绿色叶片在水中自由摇曳。推荐种在后排作为背景。养护容易，生长迅速，适合初学者。

篑藻

Blyxa novoguineensis

●**原产地** 亚洲

仅仅一株就能生长出非常多叶片，极具生命力。根据水草状态和光照强度的不同，叶片的尖端有可能呈现出褐色。它是充满野趣的植物，能使作品充满朴素的自然感。

黑木蕨

Bolbitis beudelotii

●**原产地** 非洲

是一种水生蕨类植物。深绿色充满透明感的叶片紧密生长。它可以在石头与枯木的表面生根，因此十分具有人气。注意水温太高会导致植株枯死。

向日葵

Mayaca fluviatilis

●**原产地　美洲**

别名小绿松尾，针状的小叶紧密生长，呈明快的淡绿色。养分不足时，叶片会呈白色。是一种生命力顽强的水草，植株体型较小，非常适合栽种在水族瓶中。

铁皇冠

Microsorium pteropus

●**原产地　东南亚**

是一种水生蕨类植物。叶片较硬，根系发达，对环境变化不是很敏感，养护简单。它可以直接在石头与枯木的表面生根。

长叶型红松尾

Rotala wallicbii

●**原产地　东南亚**

针状的小叶紧密生长，纤细美丽。茎部呈红色，随着光照强度和环境的不同，叶片颜色在黄绿色与粉红色之间变化。推荐种植在大叶水草周边。

血心兰

Alternantbera reineckii

●**原产地　南美洲**

红色水草的代表之一。是红色水草中养护较为简单的一种。植株高大，存在感拔群。可以作为主角栽种在作品最醒目的位置，旁边再用绿色水草做衬托。

红蝴蝶

Rotala macrandra

●**原产地　亚洲**

正红色的叶片颜色使其具有非凡人气，常常成为作品的点睛之笔。对环境变化十分敏感，与其他水草相比养护有一定难度。

绿蝴蝶

Rotala macrandra 'Green'

●**改良品种**

茎呈红色，叶片呈明快的绿色，尖端带一点粉红色。与红蝴蝶相比，生命力更加顽强，更容易养护。将其种成一片，非常显眼美丽。

生物图鉴

并不是任何生物都适合在水族瓶里饲养，接下来介绍适合在水族瓶中生活的鱼、虾、贝类。记住每养一只大概需要 1L 水的空间。

唐鱼

Tanlcbtbys aibonubes

●原产地　中国

饲养简单，适于生活在水族瓶中。体型较小，在小容器中也能畅游自如。随着鱼的生长，鳍上的红色会慢慢增加。寿命约为 2 年，体长最长为 3~4cm。

唐鱼白化变种

Tanicbtbys albonubes var.

●改良品种

唐鱼的改良品种，身体呈美丽的金色，鳍带有红色。与唐鱼一样容易饲养，适于生活在水族瓶中。在绿色水草中游动时可爱动人，充满治愈能力。

斑马鱼

Danio rerio

●原产地　印度

有着跟斑马一样黑白相间的条纹。是鲤科的小型鱼，与鲤鱼一样嘴角有两根“胡须”。在小空间里也能畅游自如，很适合养在水族瓶中。此外还有长着飘逸长鳍的品种。

孔雀鱼变种

Poecilia reticulata var.

●改良品种

在小型热带鱼中算是体型较大的品种。雄鱼的鳍具有极强的观赏性。因为是热带鱼，在晚秋到翌年春季请注意保持水温。另外，为了不伤害到鱼鳍，请不要在水中放置枯枝等尖锐的物品。

红绿灯鱼

Paracbeirodon innesi

●原产地　亚马孙河上游

红绿灯鱼的身体侧线上方有 1 条霓虹带，从眼部直至尾柄前，在光线折射下显得既蓝又绿，尾柄处颜色鲜红。生命力较强，一般水族瓶都可以饲养，但尽量选择大一些的容器。跟孔雀鱼一样，晚秋到翌年春季请注意保持水温。

宝莲灯鱼

Paracbeirodon axelrodi

●原产地　南美洲

阿氏霓虹脂鲤与红绿灯鱼很相似，但腹部红色面积更大。饲养方法与红绿灯鱼同样。因为性格较为温和，在稍大的容器内可以同时饲养两只以上。

泰国斗鱼（左图：雄性　右图：雌性）

Betta splendens var.

●改良品种

经过改良后的泰国斗鱼有着丰富的色彩可供选择。另外，雄鱼与雌鱼的体型与色彩也完全不同。雄鱼色彩艳丽有着飘逸的长鳍。要特别注意的是，在水族瓶中饲养时，请及时修剪水草，给它创造较大的活动空间。冬季请注意保持水温。

小贴士

请不要将鱼或贝类随便放生到野外

请严格遵守不要将水族瓶内的生物放生到河流湖泊中的规定，这是饲养生物最基本的原则。随意放生可能会导致生态系统平衡遭到破坏。有时候甚至仅仅一只小鱼，就会造成非常严重的生态问题。

所以一旦开始饲养生物，就要负起责任一直照顾它到最后。

青鳉鱼

Oryzias latipes

●原产地　中国、日本

青鳉鱼小型鱼种，可以在水族瓶中饲养。但是它的身体硬而直，为了避免转弯不便，尽量选择宽度较长的水族瓶，为其创造更大的活动空间。

青鳉鱼白化变种

Oryzias latipes var.

●改良品种

青鳉鱼的变种，身体呈白色。在水中轻快游动的姿态十分可爱，很适合在水族瓶中饲养。饲养方法与青鳉鱼类似，尽量使用较大的容器。请注意不要将它与其他种类的鱼混养。

青鳉鱼黄色变种

Oryzias latipes var.

●改良品种

青鳉鱼的变种，体型较小，身体呈黄色。在青鳉鱼中属于最能适应环境变化、生命力最强的品种。需要较大的活动空间。请注意不要将它与其他种类的鱼混养。

米奇鱼

Xipbopbrus maculatus var.

●改良品种

米奇鱼是热带鱼中最具人气的一种。因尾部有一个形与米老鼠非常相似的黑斑而得名。性格温和，若容器够大，可以将它与其他鱼混养。

豹纹斑马鱼

Danio frankei

●原产地　不明

与前面介绍的斑马鱼是近亲。金色的身体上有黑色的斑点，随着鱼的生长，身上的金色会越来越闪亮。与斑马鱼一样性格活泼，生命力顽强，饲养简单。

长鳍豹纹斑马鱼

Danio sp.

●改良品种

豹纹斑马鱼的改良品种，有着飘逸的长鳍。生命力强，饲养简单，在水中遨游的姿态非常优美。请注意不要将它与其他种类的鱼混养。

川蜷

Semisulcospira libertina

●原产地　东亚

一种淡水螺，在日本的河流中随处可见。它是雌雄同体，非常容易繁殖。请注意控制数量。

小贴士

贝类是水族瓶的“清洁工”

你一定喜欢盯着贝壳，看它在玻璃内壁缓缓蠕动。其实，贝类不仅长得可爱，也承担着为水族瓶清理垃圾的工作。

我们在给水族瓶里的鱼虾喂食的时候，总会有一些饲料残渣沉入水中。但是，只要在瓶中加入贝类，它们可以以饲料残渣为食，使水质不受污染。但难点是，贝类会繁殖得越来越多，它们不仅会产生大量粪便，还会以水草为食。所以，请及时取出过量繁殖的贝类，保持它们的数量在 5 只以内。

仔细观察在水中缓缓移动的川蜷，感觉生活仿佛也慢了下来。

豆石蜑螺

Clitbon faba

●原产地　东南亚

在海水与淡水混合的区域中生活的一种螺。有着各式各样的颜色和纹路。与洋葱的形状相似，因此也被称为“红洋葱”。

扁卷螺

Planorbidae

●原产地　东南亚

生命力极强，它会附着在玻璃表面及石头上，以鱼饲料残渣为食，最大可以长到 1cm。非常容易繁殖，请注意控制数量。

印度扁卷螺

Indoplanorbis exustus

●改良品种

扁卷螺的改良品种。有红色、粉色、蓝色等不同种类。以鱼饲料残渣为食。

最适合的虾类

蜜蜂虾

Caridina sp.

●东南亚

小型虾,白色身体上面有黑色斑纹。跟贝类相同,以饲料残渣为食。对环境变化极为敏感，在水族瓶制作好后 1 个月左右再将虾放入。

红水晶虾

Neocaridina sp.

●改良品种

它红白相间的颜色鲜亮美丽，因此极具人气。它对高温敏感，夏季要多注意控制水温。

黄樱桃虾

Neocaridina sp.

●改良品种

它是多齿新米虾的改良品种，全身呈黄色。在水族瓶中游动的姿态非常可爱，充满了治愈力。与其他虾相同，对环境变化非常敏感。夏天请注意防高温。

中华锯齿米虾变种

Neocaridina denticulate sinensis var.

●原产地　中国台湾

小型虾，沼虾的一种，全身呈深红色。在虾中算是比较容易饲养的一种。醒目的颜色使它在水族瓶中立刻成为焦点。但是，它对高温敏感，夏季要多注意控制水温。

多齿新米虾

Neocaridina denticulata

●原产地　日本、东亚

在日本分布很广的一种小型沼虾。生命力很强，最适合水族瓶饲养。身体呈透明状，喜欢以水中饲料残渣为食。它对高温敏感，夏天需要特别注意，请经常换水。

大和藻虾

Caridina japonica

●原产地　日本、中国台湾

它是生活在河流中的沼虾的代表品种。喜欢以水中细小饲料残渣为食。活动范围比较大，请将它饲养在 2L 以上的大型水族瓶中。

Boutique Mook No. 1181 Watashi No Chiisana Aquarium Tedukuri Choumini Suizokukan
By TETSUO TABATA

First original Japanese edition published by Boutique-sha, Inc., Japan.
Chinese (in simplified character only) translation rights arranged with Boutique-sha, Inc., Japan. through CREEK & RIVER Co., Ltd.

图书在版编目（CIP）数据

瓶子里的水族馆 /（日）田畑哲生编著；时雨译 .—福州：福建科学技术出版社，2017. 4
ISBN 978-7-5335-5249-7

Ⅰ . ①瓶… Ⅱ . ①田… ②时… Ⅲ . ①水族箱 - 基本知识 Ⅳ . ① S965.8

中国版本图书馆 CIP 数据核字（2017）第 053350 号

书　名	**瓶子里的水族馆**
编　著	（日）田畑哲生
译　者	时雨
出版发行	海峡出版发行集团 福建科学技术出版社
社　址	福州市东水路 76 号（邮编 350001）
网　址	www.fjstp.com
经　销	福建新华发行（集团）有限责任公司
印　刷	福建彩色印刷有限公司
开　本	889 毫米 ×1194 毫米 1/16
印　张	5.25
图　文	84 码
版　次	2017 年 4 月第 1 版
印　次	2017 年 4 月第 1 次印刷
书　号	ISBN 978-7-5335-5249-7
定　价	32.00 元

书中如有印装质量问题，可直接向本社调换